3ds Max&VRay高精度单体模型库

第1辑 时尚家居

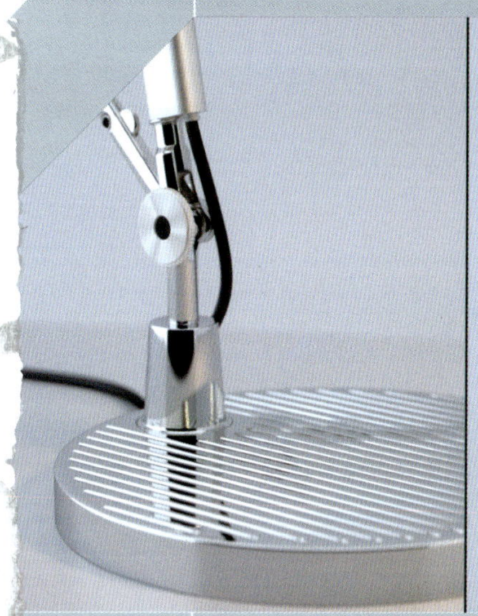

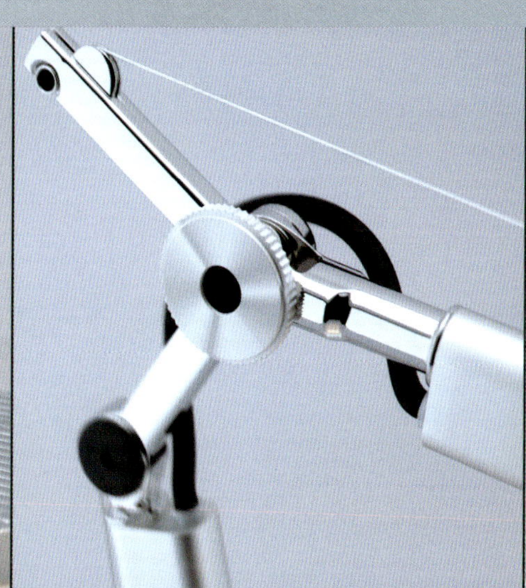

时代印象 TIMES IMPRESSION 编著

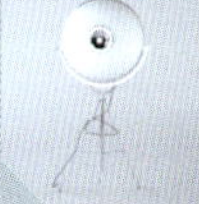

人民邮电出版社
北京

图书在版编目（CIP）数据

3ds Max & VRay高精度单体模型库. 第1辑, 时尚家居 / 时代印象编著. -- 北京 : 人民邮电出版社, 2010.3
ISBN 978-7-115-22037-0

Ⅰ. ①3… Ⅱ. ①时… Ⅲ. ①室内设计：计算机辅助设计－图形软件，3DS MAX、VRay②家具－计算机辅助设计－图形软件，3DS MAX、VRay Ⅳ. ①TU238-39 ②TS664.01-39

中国版本图书馆CIP数据核字(2009)第235466号

内 容 提 要

本书精选了600个时尚家居模型，包括凳子、椅子、沙发、桌子、写字台、床、柜子、灯具、餐具、卫浴设备、电器、装饰品等，这些都是制作室内效果图最常用的模型，是室内设计师和效果图表现师必备的工作素材。

本书所有模型均采用3ds Max 9制作，使用VRay 1.5 SP1渲染，每一个模型文件均包含max格式的白模、3ds格式的白模，以及带灯光、材质和参数的渲染参考场景，使用起来极为方便。

本书附带两张DVD光盘，内容包括本书所有的模型和材质贴图，读者可根据图书索引在光盘中查找相应的模型。

本模型库主要针对室内设计师和效果图表现师而开发，也可以作为学习用的素材库，尤其是作为初学者的练习素材。

3ds Max&VRay 高精度单体模型库（第 1 辑）时尚家居

◆ 编　　著　时代印象
　责任编辑　孟　飞
◆ 人民邮电出版社出版发行　　北京市崇文区夕照寺街 14 号
　邮编　100061　　电子函件　315@ptpress.com.cn
　网址　http://www.ptpress.com.cn
　北京画中画印刷有限公司印刷
◆ 开本：787×1092　1/16
　印张：7
　字数：174 千字　　2010 年 3 月第 1 版
　印数：1 – 2 000 册　　2010 年 3 月北京第 1 次印刷

ISBN 978-7-115-22037-0

定价：128.00 元（附 2 张光盘）

读者服务热线：(010)67132692　印装质量热线：(010)67129223
反盗版热线：(010)67171154

前　言

效果图可以真实、艺术地再现设计师的设计思想。随着设计行业的快速发展，效果图表现也取得了长足的进步，行业技术水平不断提升，图像品质飞速提高，如今效果图作为辅助设计作品已经形成了一套完整的制作流程。

当前，国内从事效果图制作的人员非常多，而且由于网络论坛的普及以及即时聊天工具的出现，同行之间的沟通日益增多，制作资源的流通性也不断增强。但是这种资源的流通仅仅是个体行为，还不具有全局影响力，无法让整个行业的同仁都感受到这种资源流通所带来的价值。

基于制作资源的流通与共享理念，让更多的同仁能够轻松分享他人的精彩设计和表现，我公司特别联合国内一些优秀的室内设计和表现团队，推出这一套精彩的时尚家居模型库，希望能够为国内的室内设计师和效果图表现师奉献一份精彩的视觉大餐，并为自身的工作带来便利。

本书汇集了600个时尚家居模型，包括凳子、椅子、沙发、桌子、写字台、床、柜子、灯具、餐具、卫浴设备、电器、装饰品等，这些都是制作室内效果图最常用的模型。

总的来讲，本书具有以下几大特色。

（1）使用方便：由“一本精美索引画册+两张模型光盘”组成，每一个模型均在画册上印刷有效果图和线框图，读者可以根据画册索引到光盘中查找相关的模型文件。

（2）品质过硬：本书的600个模型均由国内一线的效果图制作高手完成，无论是模型的细腻程度，还是效果表现的真实程度，都能够达到相当的高度。

（3）海量素材：600个单体模型，数百张高质量贴图。如果是工作，那么这将是提高工作效率的绝对利器；如果是学习，这将是最丰富的学习素材。

（4）完全商用：这些模型完全可以被用于商业效果图实战，从而进一步提升我们的工作效率，为自身带来更多的价值。

这套超值的时尚家居模型库可以说是室内设计制作的突破性产物，它将进一步促进效果图制作领域的资源流通，为业界人士提供各种制作上的便利。

我们衷心希望能够为读者提供更多的服务，如果读者在阅读过程中遇到任何与本书相关的技术问题或需要什么帮助，请发邮件至sdyx_press@126.com或访问www.sdyxcg.com/bbs，我们将竭诚为您服务。

时代印象

2010年1月

Contents 目录

编委会名单

主 编： 郑玉金

副主编： 陈学全 周厚宇

编 委： 王祥 孔祥翔 游龙 常德山 欧阳俊
曾光 余望 潘天云 刘丙文 裴云龙 王杨

效果图

线框图

凳子_01 | DVD1/Part01 凳子/凳子_01

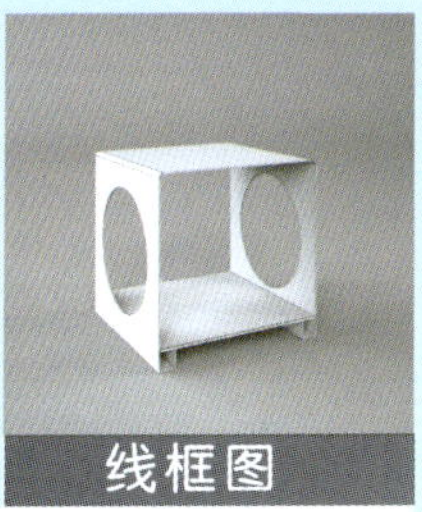

效果图 线框图

凳子_02 | DVD1/Part01 凳子/凳子_02

凳子_03 | DVD1/Part01 凳子/凳子_03

凳子_04 | DVD1/Part01 凳子/凳子_04

效果图

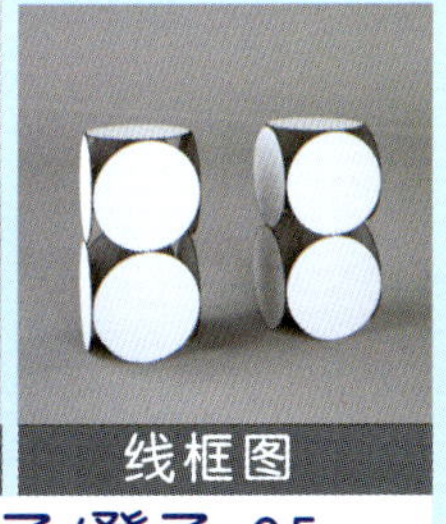

线框图

凳子_05 | DVD1/Part01 凳子/凳子_05

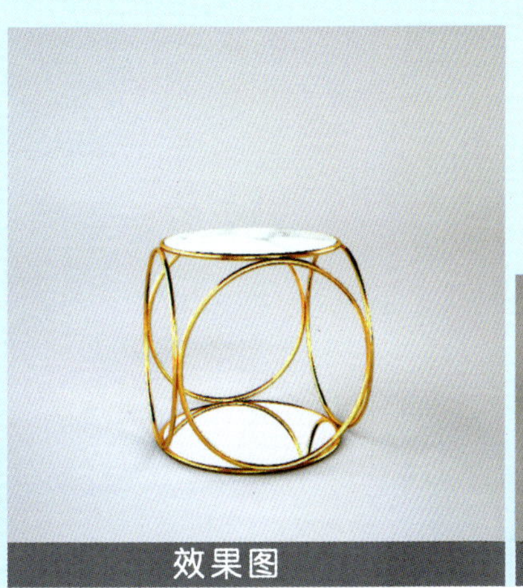

效果图

线框图

凳子_06 | DVD1/Part01 凳子/凳子_06

效果图

线框图

凳子_07 | **DVD1/Part01** 凳子/凳子_07

效果图 线框图

凳子_08 | **DVD1/Part01** 凳子/凳子_08

效果图

线框图

凳子_09 | **DVD1/Part01** 凳子/凳子_09

效果图 线框图

凳子_10 | **DVD1/Part01** 凳子/凳子_10

效果图

线框图

凳子_11 | **DVD1/Part01** 凳子/凳子_11

效果图 线框图

凳子_12 | **DVD1/Part01** 凳子/凳子_12

效果图 线框图

凳子_13 | DVD1/Part01 凳子/凳子_13

效果图 线框图

凳子_14 | DVD1/Part01 凳子/凳子_14

效果图 线框图

凳子_15 | DVD1/Part01 凳子/凳子_15

效果图 线框图

凳子_16 | DVD1/Part01 凳子/凳子_16

效果图 线框图

凳子_17 | DVD1/Part01 凳子/凳子_17

效果图 线框图

凳子_18 | DVD1/Part01 凳子/凳子_18

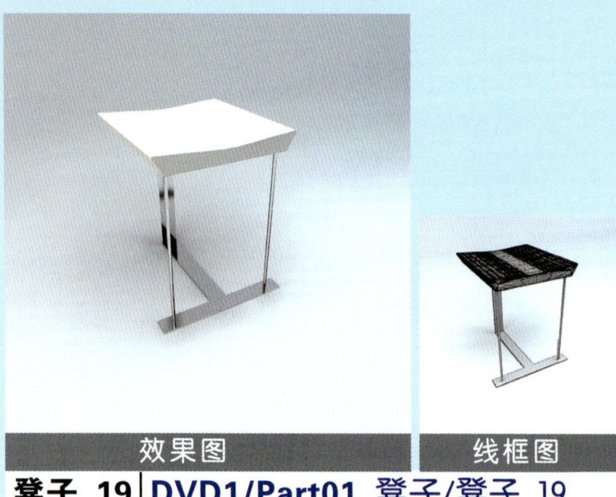
效果图　线框图

凳子_19 | **DVD1/Part01** 凳子/凳子_19

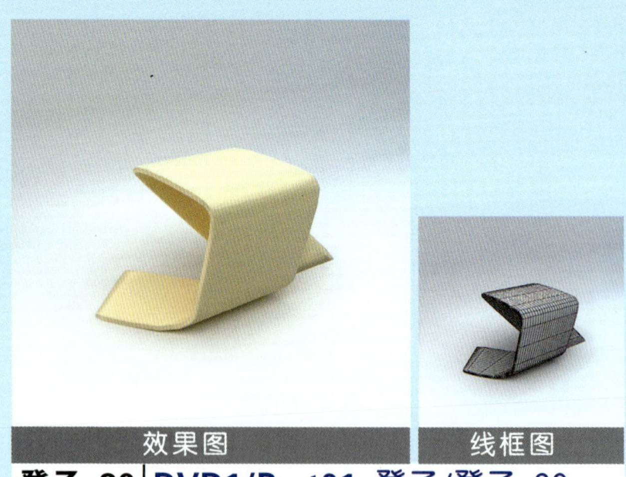
效果图　线框图

凳子_20 | **DVD1/Part01** 凳子/凳子_20

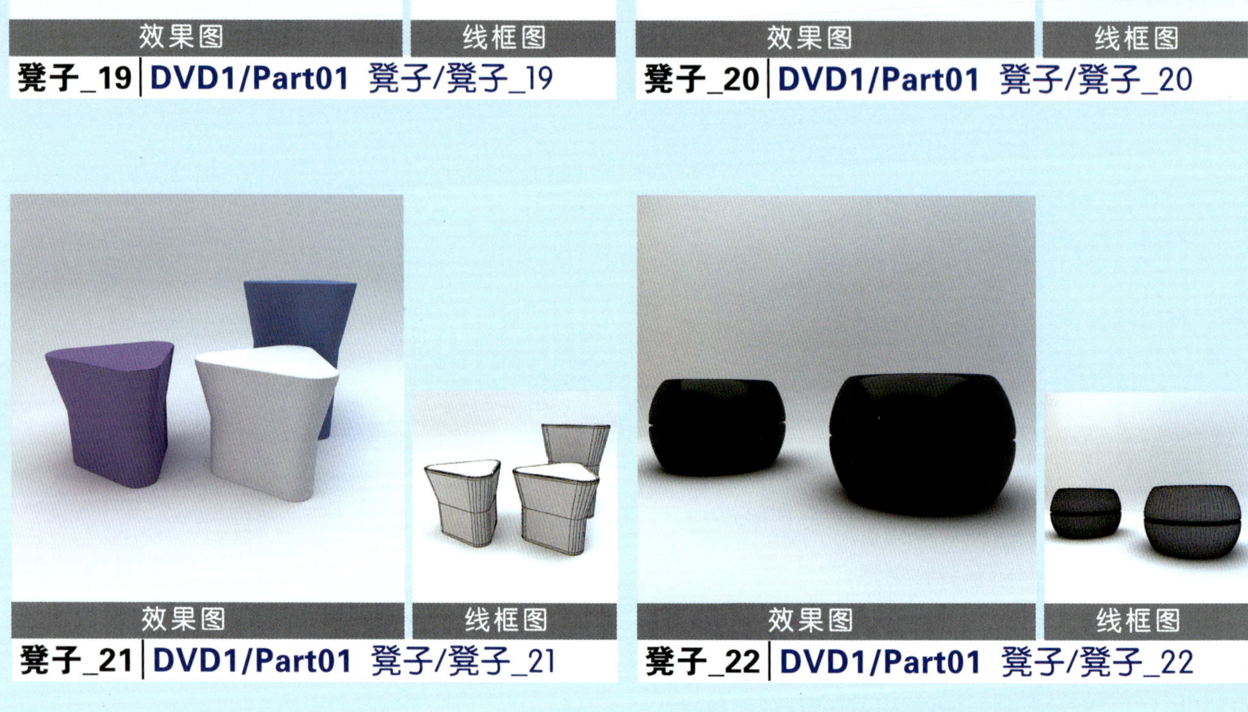
效果图　线框图

凳子_21 | **DVD1/Part01** 凳子/凳子_21

效果图　线框图

凳子_22 | **DVD1/Part01** 凳子/凳子_22

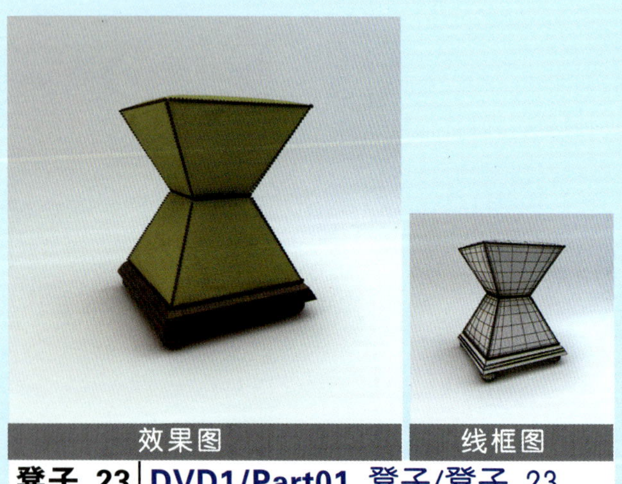
效果图　线框图

凳子_23 | **DVD1/Part01** 凳子/凳子_23

效果图 线框图

椅子_01 | DVD1/Part02 椅子/椅子_01

效果图 线框图

椅子_02 | DVD1/Part02 椅子/椅子_02

效果图 线框图

椅子_03 | DVD1/Part02 椅子/椅子_03

效果图 线框图

椅子_04 | DVD1/Part02 椅子/椅子_04

效果图 线框图

椅子_05 | DVD1/Part02 椅子/椅子_05

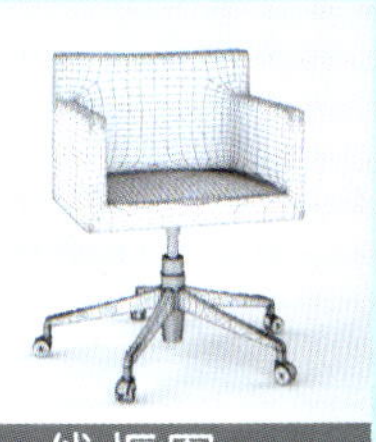

效果图 线框图

椅子_06 | DVD1/Part02 椅子/椅子_06

效果图 线框图

椅子_07 | **DVD1/Part02** 椅子/椅子_07

效果图 线框图

椅子_08 | **DVD1/Part02** 椅子/椅子_08

效果图 线框图

椅子_09 | **DVD1/Part02** 椅子/椅子_09

效果图 线框图

椅子_10 | **DVD1/Part02** 椅子/椅子_10

效果图 线框图

椅子_11 | **DVD1/Part02** 椅子/椅子_11

效果图 线框图

椅子_12 | **DVD1/Part02** 椅子/椅子_12

效果图 线框图

椅子_13 | **DVD1/Part02** 椅子/椅子_13

效果图 线框图

椅子_14 | **DVD1/Part02** 椅子/椅子_14

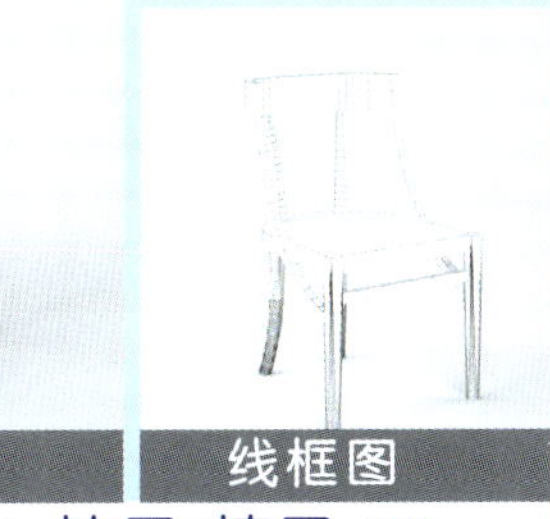

效果图 线框图

椅子_15 | **DVD1/Part02** 椅子/椅子_15

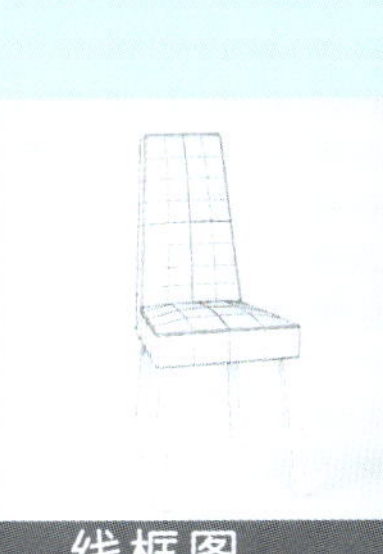

效果图 线框图

椅子_16 | **DVD1/Part02** 椅子/椅子_16

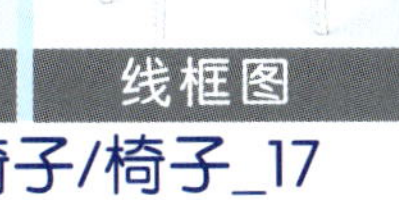

效果图 线框图

椅子_17 | **DVD1/Part02** 椅子/椅子_17

效果图 线框图

椅子_18 | **DVD1/Part02** 椅子/椅子_18

效果图 线框图

椅子_19 | **DVD1/Part02** 椅子/椅子_19

效果图 线框图

椅子_20 | **DVD1/Part02** 椅子/椅子_20

效果图 线框图

椅子_21 | **DVD1/Part02** 椅子/椅子_21

效果图 线框图

椅子_22 | **DVD1/Part02** 椅子/椅子_22

效果图 线框图

椅子_23 | **DVD1/Part02** 椅子/椅子_23

效果图 线框图

椅子_24 | **DVD1/Part02** 椅子/椅子_24

效果图

线框图

椅子_25 | **DVD1/Part02** 椅子/椅子_25

效果图 线框图

椅子_26 | **DVD1/Part02** 椅子/椅子_26

效果图 线框图

椅子_27 | **DVD1/Part02** 椅子/椅子_27

效果图 线框图

椅子_28 | **DVD1/Part02** 椅子/椅子_28

效果图 线框图

椅子_29 | **DVD1/Part02** 椅子/椅子_29

效果图 线框图

椅子_30 | **DVD1/Part02** 椅子/椅子_30

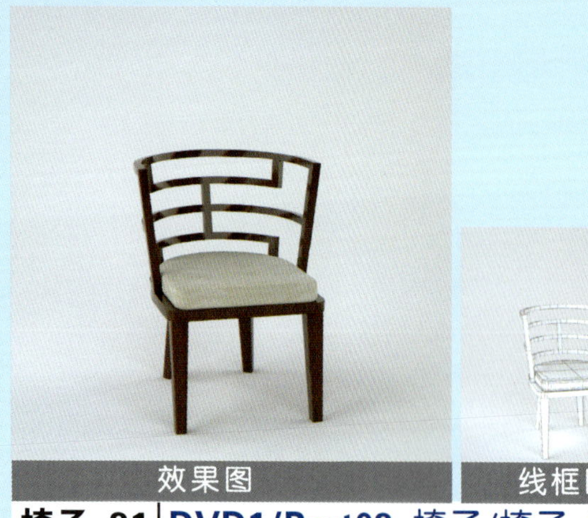
效果图

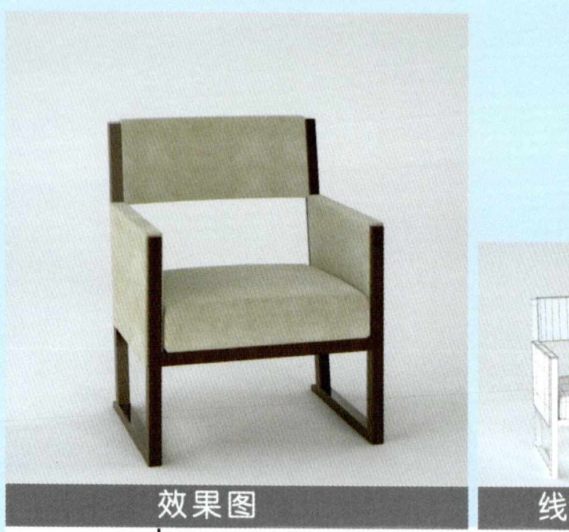
线框图

椅子_31 | DVD1/Part02 椅子/椅子_31

效果图

线框图

椅子_32 | DVD1/Part02 椅子/椅子_32

效果图

线框图

椅子_33 | DVD1/Part02 椅子/椅子_33

效果图

线框图

椅子_34 | DVD1/Part02 椅子/椅子_34

效果图

线框图

椅子_35 | DVD1/Part02 椅子/椅子_35

效果图

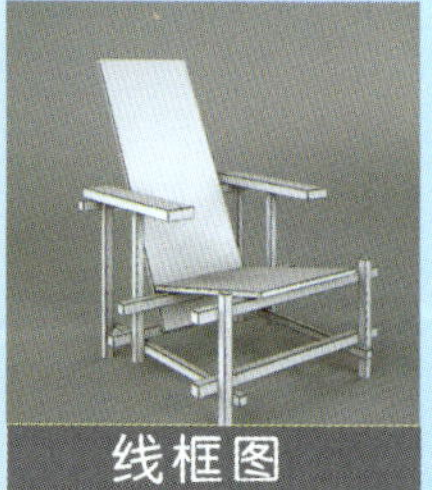
线框图

椅子_36 | DVD1/Part02 椅子/椅子_36

效果图

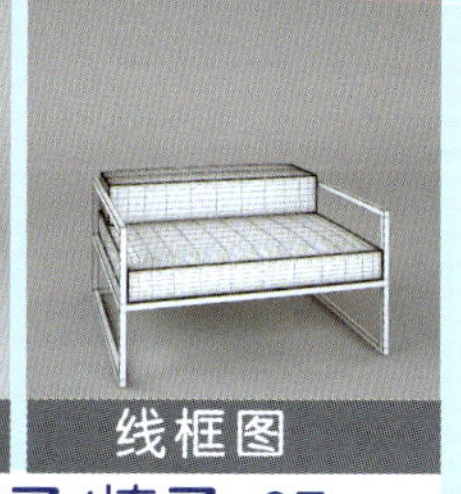
线框图

椅子_37 | **DVD1/Part02** 椅子/椅子_37

效果图

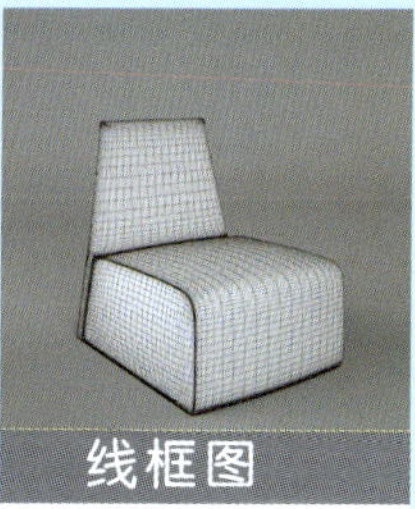
线框图

椅子_38 | **DVD1/Part02** 椅子/椅子_38

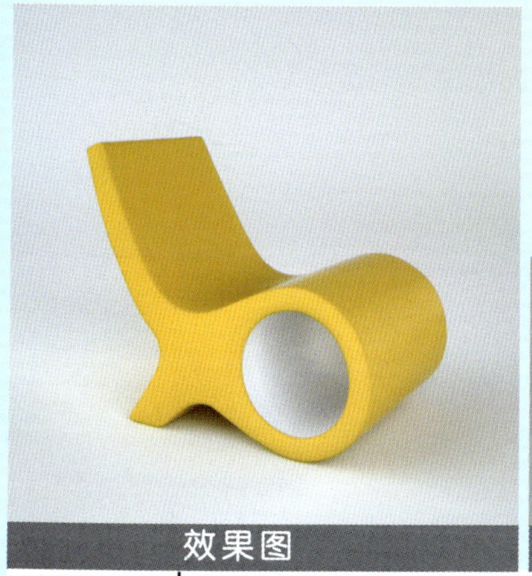
效果图

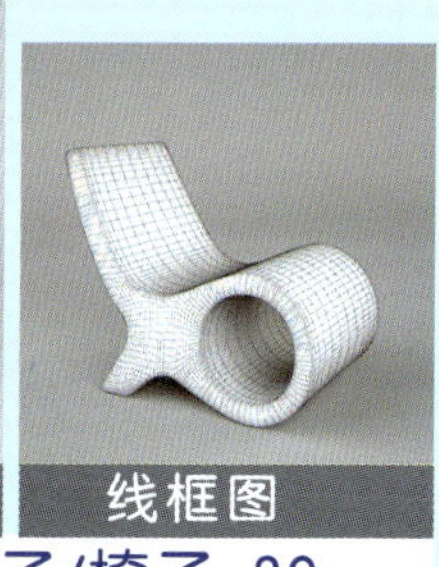
线框图

椅子_39 | **DVD1/Part02** 椅子/椅子_39

效果图

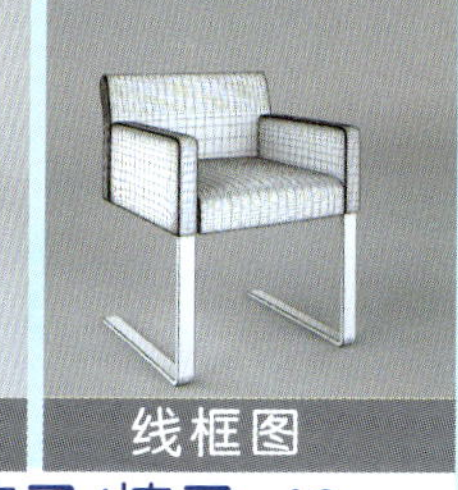
线框图

椅子_40 | **DVD1/Part02** 椅子/椅子_40

效果图

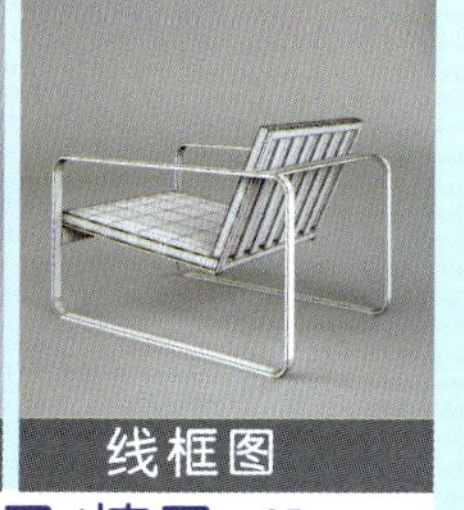
线框图

椅子_41 | **DVD1/Part02** 椅子/椅子_41

效果图

线框图

椅子_42 | **DVD1/Part02** 椅子/椅子_42

效果图

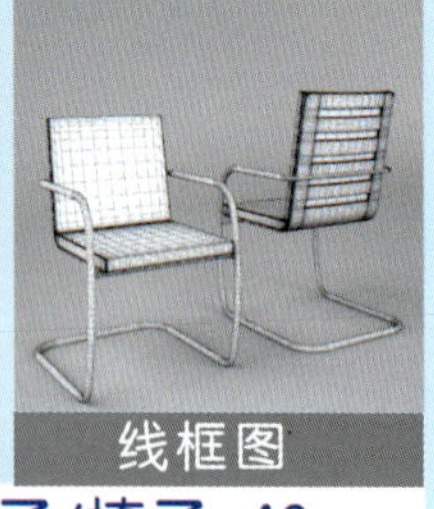

线框图

椅子_43 | DVD1/Part02 椅子/椅子_43

效果图

线框图

椅子_44 | DVD1/Part02 椅子/椅子_44

效果图

线框图

椅子_45 | DVD1/Part02 椅子/椅子_45

效果图

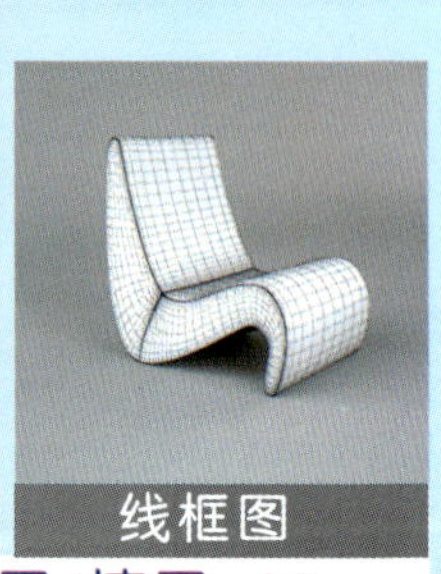

线框图

椅子_46 | DVD1/Part02 椅子/椅子_46

效果图

线框图

椅子_47 | DVD1/Part02 椅子/椅子_47

效果图

线框图

椅子_48 | DVD1/Part02 椅子/椅子_48

效果图

线框图

椅子_49 | **DVD1/Part02** 椅子/椅子_49

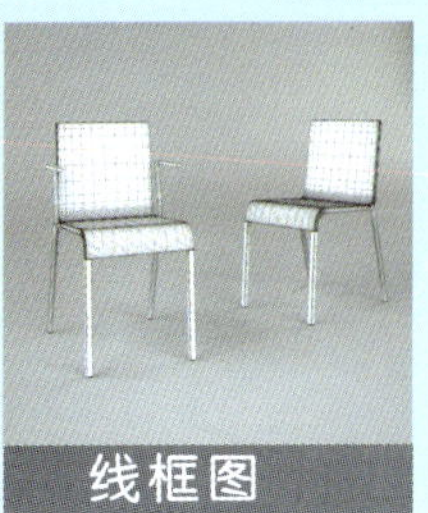
效果图 线框图

椅子_50 | **DVD1/Part02** 椅子/椅子_50

效果图

线框图

椅子_51 | **DVD1/Part02** 椅子/椅子_51

效果图

线框图

椅子_52 | **DVD1/Part02** 椅子/椅子_52

效果图

线框图

椅子_53 | **DVD1/Part02** 椅子/椅子_53

效果图

线框图

椅子_54 | **DVD1/Part02** 椅子/椅子_54

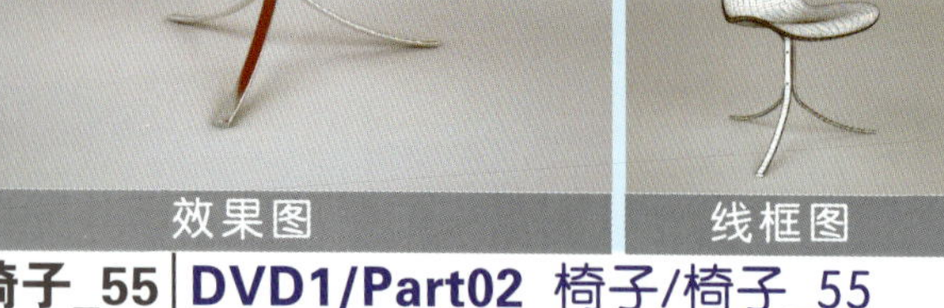

效果图 线框图

椅子_55 | **DVD1/Part02** 椅子/椅子_55

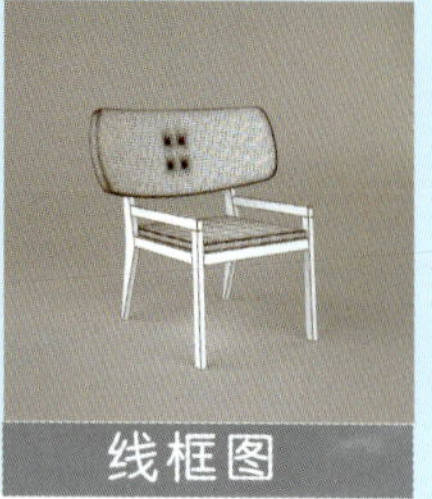

效果图 线框图

椅子_56 | **DVD1/Part02** 椅子/椅子_56

效果图 线框图

椅子_57 | **DVD1/Part02** 椅子/椅子_57

效果图 线框图

椅子_58 | **DVD1/Part02** 椅子/椅子_58

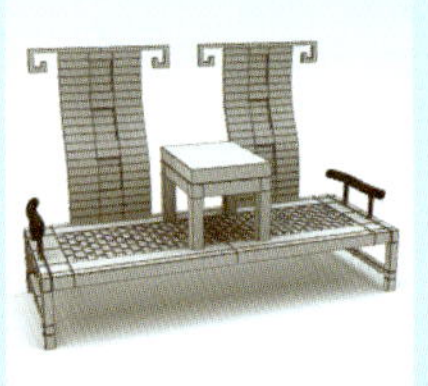
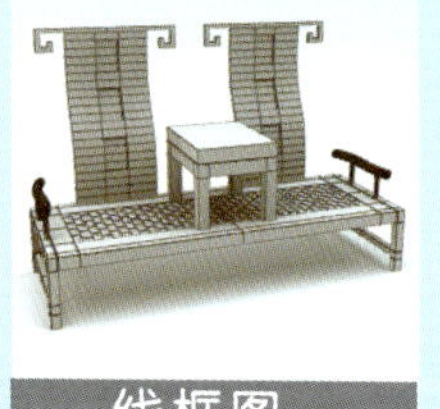

效果图 线框图

椅子_59 | **DVD1/Part02** 椅子/椅子_59

效果图 线框图

椅子_60 | **DVD1/Part02** 椅子/椅子_60

效果图 线框图

椅子_61 | **DVD1/Part02** 椅子/椅子_61

效果图 线框图

椅子_62 | **DVD1/Part02** 椅子/椅子_62

效果图 线框图

椅子_63 | **DVD1/Part02** 椅子/椅子_63

效果图 线框图

椅子_64 | **DVD1/Part02** 椅子/椅子_64

效果图 线框图

椅子_65 | **DVD1/Part02** 椅子/椅子_65

效果图 线框图

椅子_66 | **DVD1/Part02** 椅子/椅子_66

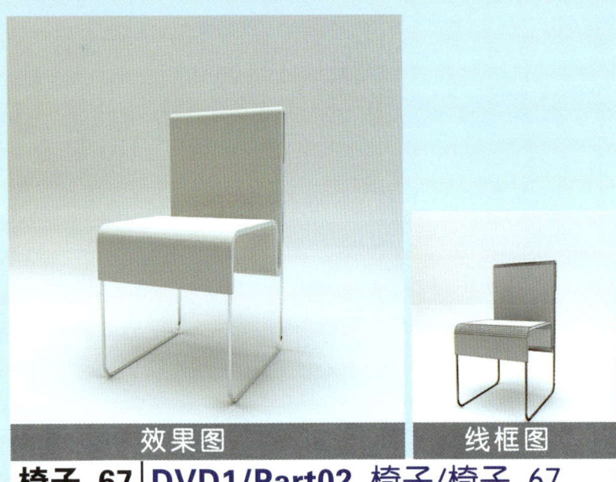

效果图 线框图

椅子_67 | **DVD1/Part02** 椅子/椅子_67

效果图 线框图

椅子_68 | **DVD1/Part02** 椅子/椅子_68

效果图 线框图

椅子_69 | **DVD1/Part02** 椅子/椅子_69

效果图 线框图

椅子_70 | **DVD1/Part02** 椅子/椅子_70

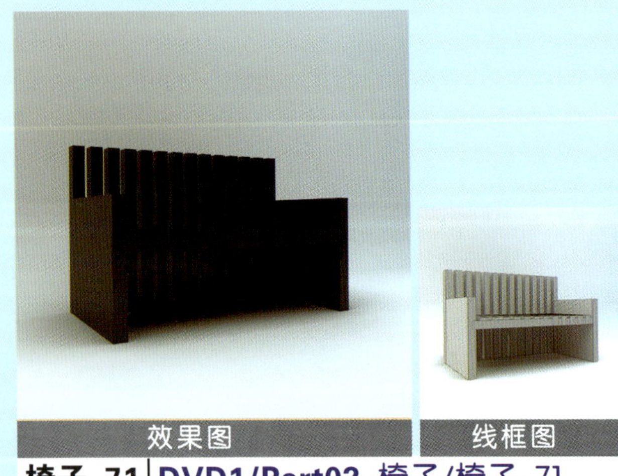

效果图 线框图

椅子_71 | **DVD1/Part02** 椅子/椅子_71

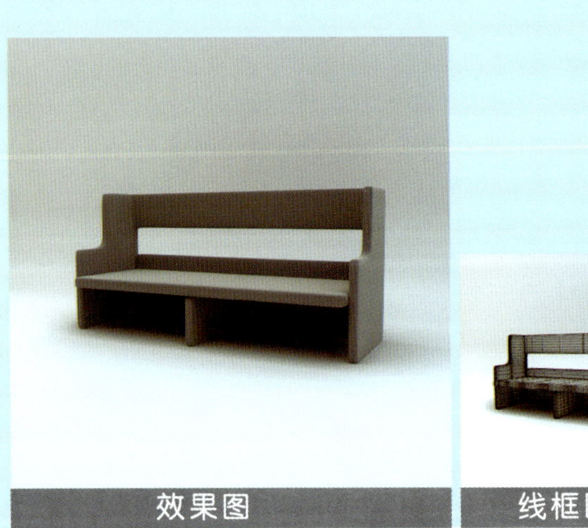

效果图 线框图

椅子_72 | **DVD1/Part02** 椅子/椅子_72

效果图

线框图

椅子_73 | **DVD1/Part02** 椅子/椅子_73

效果图

线框图

椅子_74 | **DVD1/Part02** 椅子/椅子_74

效果图

线框图

椅子_75 | **DVD1/Part02** 椅子/椅子_75

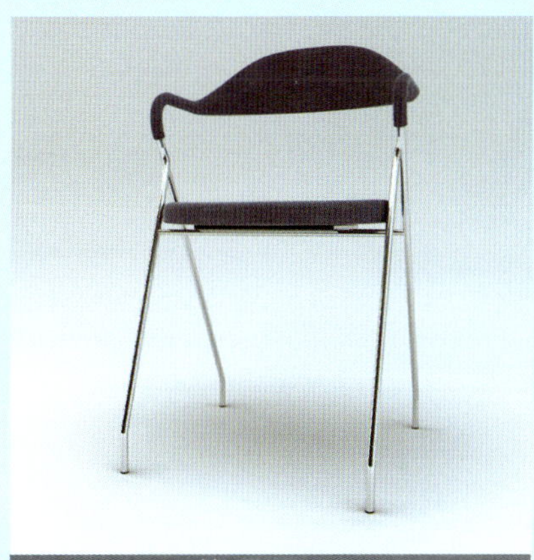

效果图

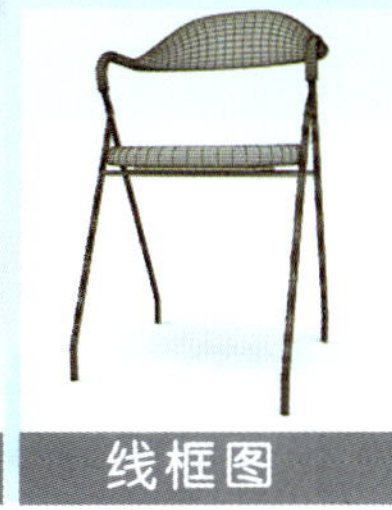

线框图

椅子_76 | **DVD1/Part02** 椅子/椅子_76

效果图

线框图

椅子_77 | **DVD1/Part02** 椅子/椅子_77

效果图

线框图

椅子_78 | **DVD1/Part02** 椅子/椅子_78

效果图 线框图

椅子_79 | **DVD1/Part02** 椅子/椅子_79

效果图 线框图

椅子_80 | **DVD1/Part02** 椅子/椅子_80

效果图 线框图

椅子_81 | **DVD1/Part02** 椅子/椅子_81

效果图 线框图

椅子_82 | **DVD1/Part02** 椅子/椅子_82

效果图 线框图

椅子_83 | **DVD1/Part02** 椅子/椅子_83

效果图 线框图

椅子_84 | **DVD1/Part02** 椅子/椅子_84

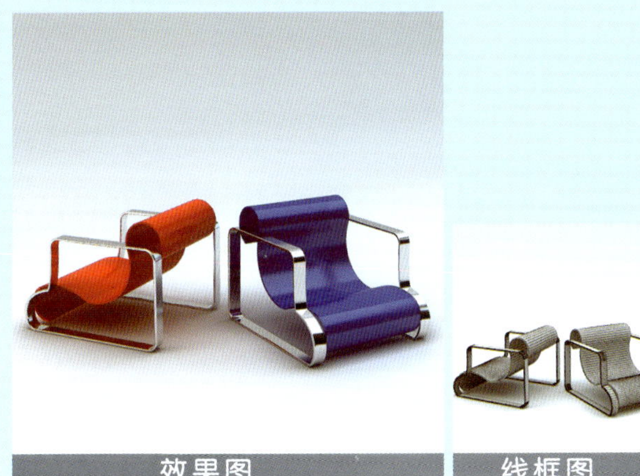

效果图 线框图

椅子_85 | **DVD1/Part02** 椅子/椅子_85

效果图 线框图

椅子_86 | **DVD1/Part02** 椅子/椅子_86

效果图

线框图

椅子_87 | **DVD1/Part02** 椅子/椅子_87

效果图

线框图

椅子_88 | **DVD1/Part02** 椅子/椅子_88

效果图

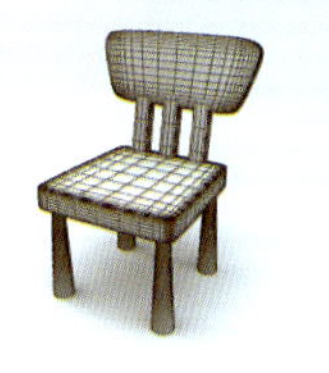

线框图

椅子_89 | **DVD1/Part02** 椅子/椅子_89

效果图

线框图

椅子_90 | **DVD1/Part02** 椅子/椅子_90

效果图　线框图

椅子_91 | **DVD1/Part02** 椅子/椅子_91

效果图　线框图

椅子_92 | **DVD1/Part02** 椅子/椅子_92

效果图　线框图

椅子_93 | **DVD1/Part02** 椅子/椅子_93

效果图　线框图

椅子_94 | **DVD1/Part02** 椅子/椅子_94

效果图　线框图

椅子_95 | **DVD1/Part02** 椅子/椅子_95

效果图　线框图

椅子_96 | **DVD1/Part02** 椅子/椅子_96

效果图 线框图

椅子_97 | DVD1/Part02 椅子/椅子_97

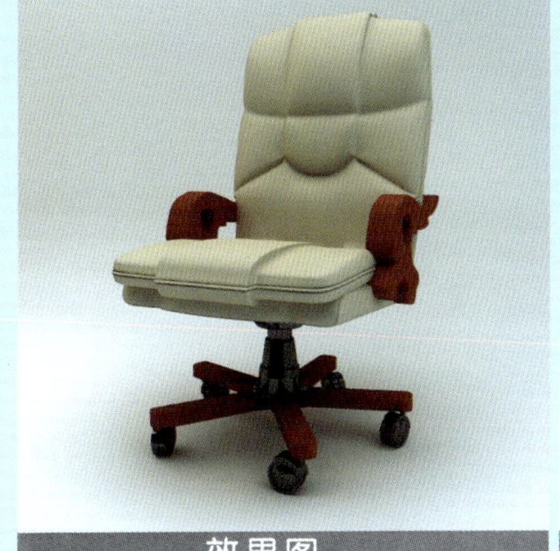

效果图 线框图

椅子_98 | DVD1/Part02 椅子/椅子_98

效果图 线框图

椅子_99 | DVD1/Part02 椅子/椅子_99

效果图 线框图

椅子_100 | DVD1/Part02 椅子/椅子_100

效果图 线框图

椅子_101 | DVD1/Part02 椅子/椅子_101

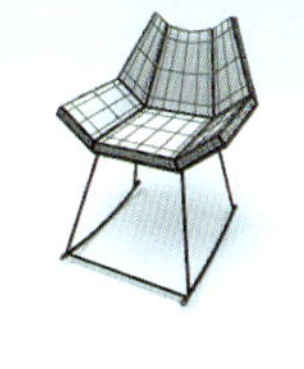

效果图 线框图

椅子_102 | DVD1/Part02 椅子/椅子_102

效果图 线框图

椅子_103 | **DVD1/Part02** 椅子/椅子_103

效果图 线框图

椅子_104 | **DVD1/Part02** 椅子/椅子_104

效果图 线框图

椅子_105 | **DVD1/Part02** 椅子/椅子_105

效果图 线框图

椅子_106 | **DVD1/Part02** 椅子/椅子_106

效果图 线框图

椅子_107 | **DVD1/Part02** 椅子/椅子_107

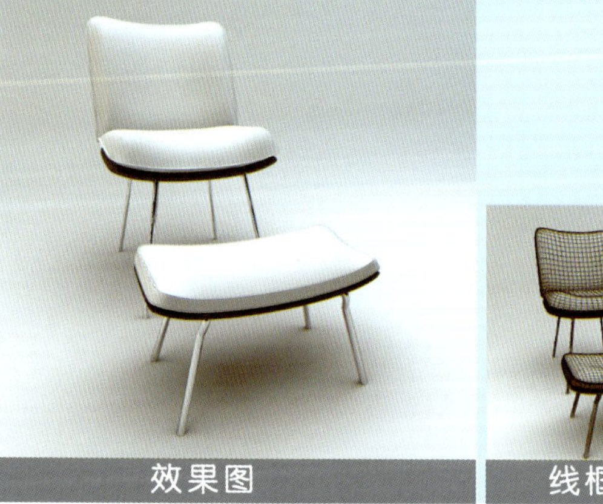

效果图 线框图

椅子_108 | **DVD1/Part02** 椅子/椅子_108

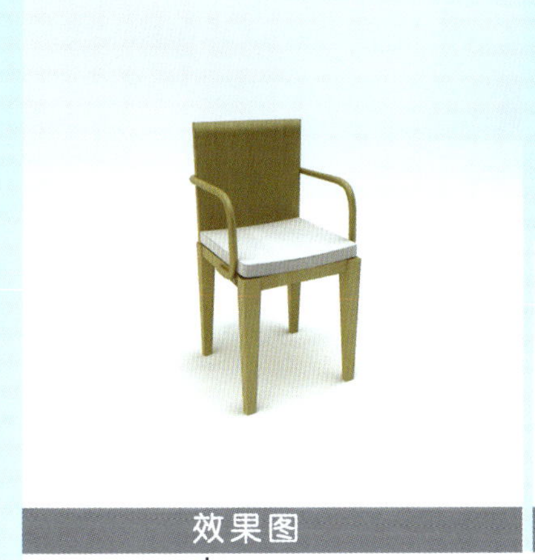

效果图

线框图

椅子_109 | **DVD1/Part02** 椅子/椅子_109

效果图

线框图

椅子_110 | **DVD1/Part02** 椅子/椅子_110

效果图

线框图

椅子_111 | **DVD1/Part02** 椅子/椅子_111

效果图

线框图

椅子_112 | **DVD1/Part02** 椅子/椅子_112

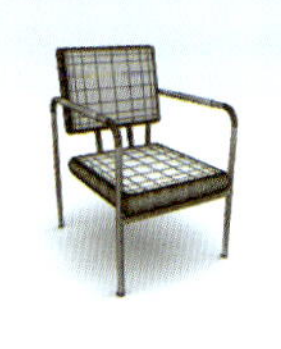

效果图

线框图

椅子_113 | **DVD1/Part02** 椅子/椅子_113

效果图

线框图

椅子_114 | **DVD1/Part02** 椅子/椅子_114

效果图 线框图

椅子_115 | **DVD1/Part02** 椅子/椅子_115

效果图 线框图

椅子_116 | **DVD1/Part02** 椅子/椅子_116

效果图 线框图

椅子_117 | **DVD1/Part02** 椅子/椅子_117

效果图 线框图

椅子_118 | **DVD1/Part02** 椅子/椅子_118

效果图 线框图

椅子_119 | **DVD1/Part02** 椅子/椅子_119

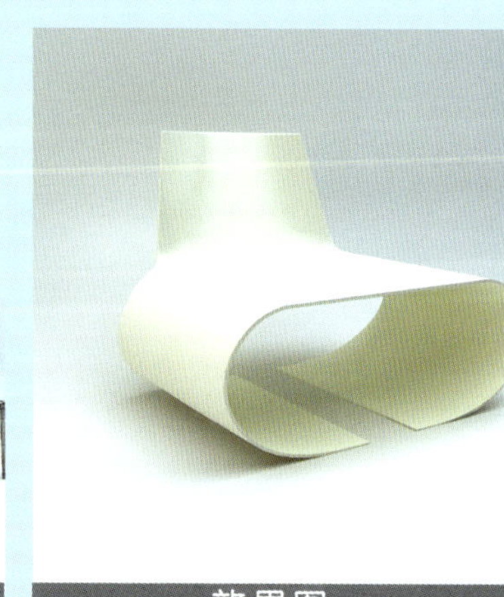

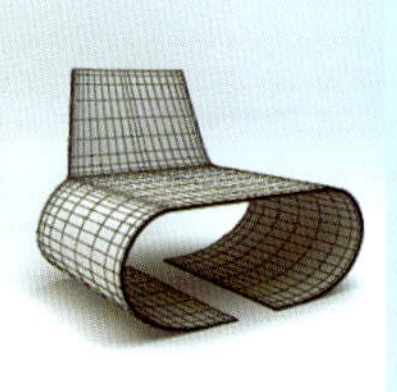

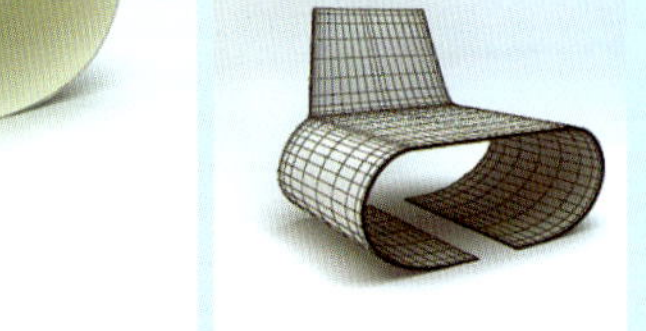

效果图 线框图

椅子_120 | **DVD1/Part02** 椅子/椅子_120

效果图 线框图

椅子_121 | **DVD1/Part02** 椅子/椅子_121

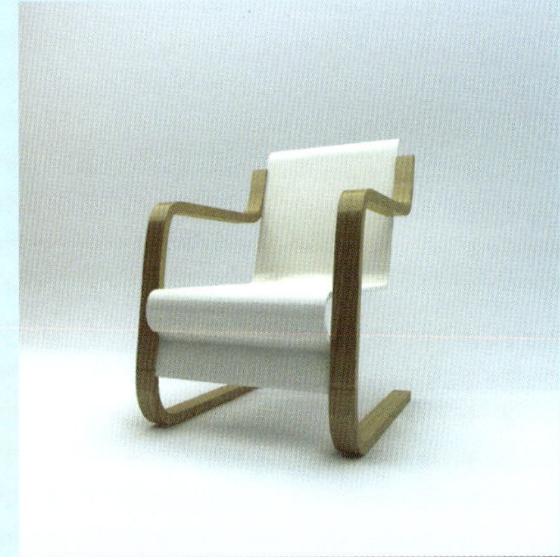

效果图 线框图

椅子_122 | **DVD1/Part02** 椅子/椅子_122

效果图 线框图

椅子_123 | **DVD1/Part02** 椅子/椅子_123

效果图 线框图

椅子_124 | **DVD1/Part02** 椅子/椅子_124

效果图 线框图

椅子_125 | **DVD1/Part02** 椅子/椅子_125

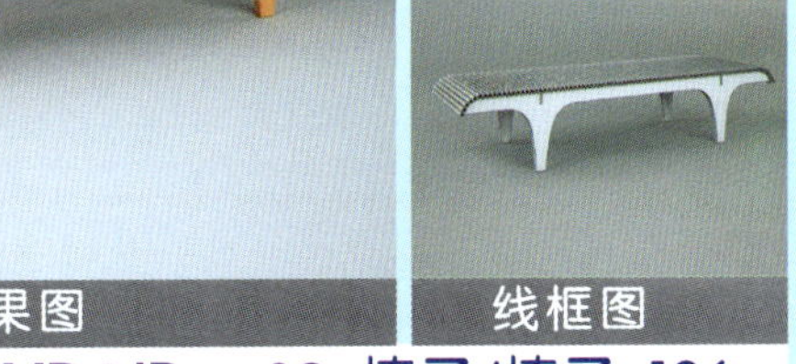

效果图 线框图

椅子_126 | **DVD1/Part02** 椅子/椅子_126

效果图

线框图

椅子_127 | **DVD1/Part02** 椅子/椅子_127

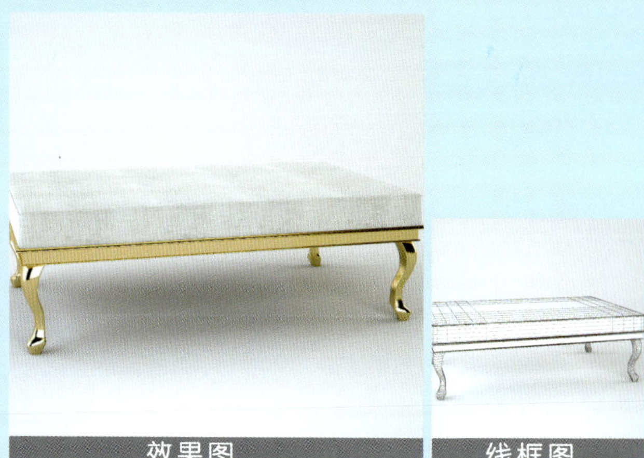
效果图

线框图

椅子_128 | **DVD1/Part02** 椅子/椅子_128

吧椅_01 | DVD1/Part03 吧椅/吧椅_01

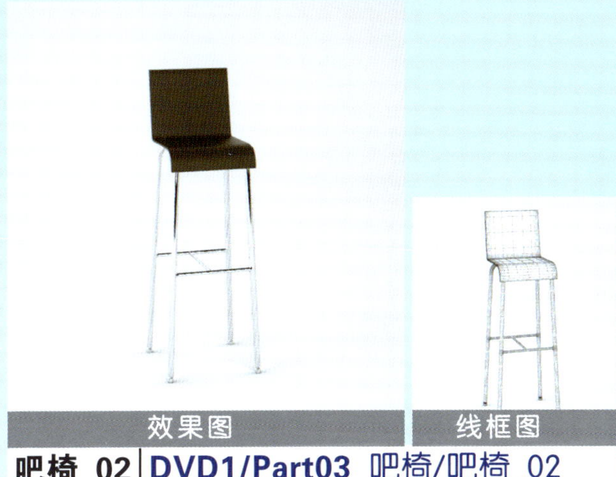

吧椅_02 | DVD1/Part03 吧椅/吧椅_02

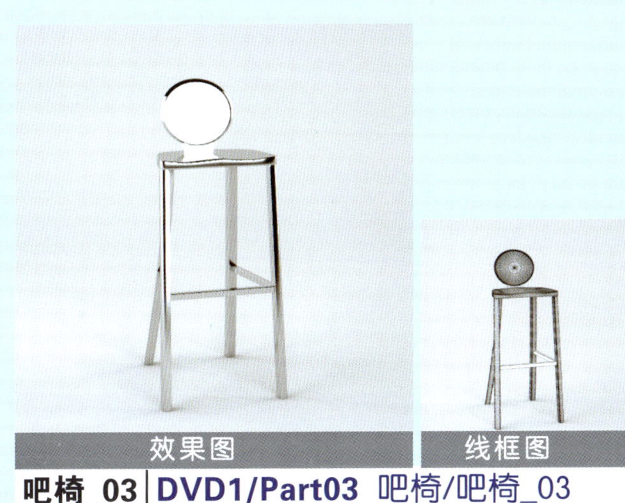

吧椅_03 | DVD1/Part03 吧椅/吧椅_03

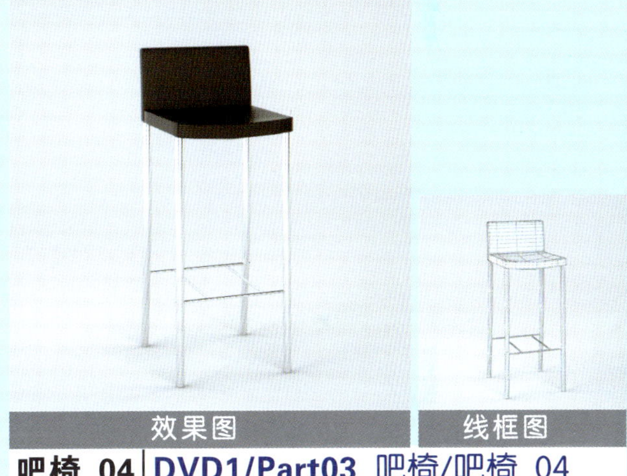

吧椅_04 | DVD1/Part03 吧椅/吧椅_04

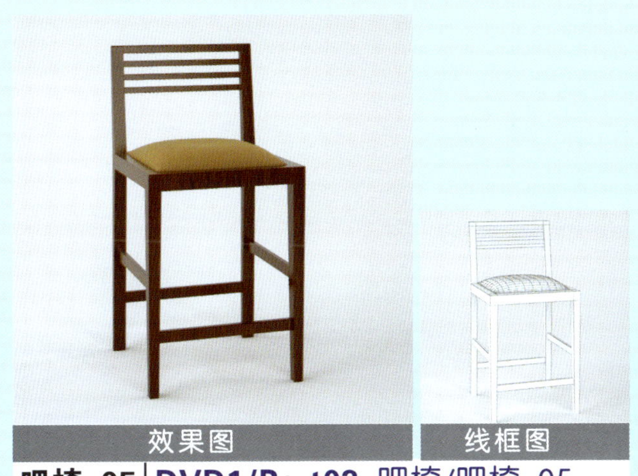

吧椅_05 | DVD1/Part03 吧椅/吧椅_05

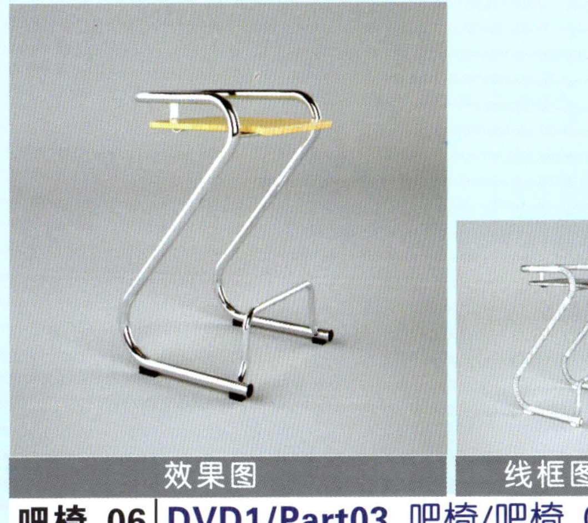

吧椅_06 | DVD1/Part03 吧椅/吧椅_06

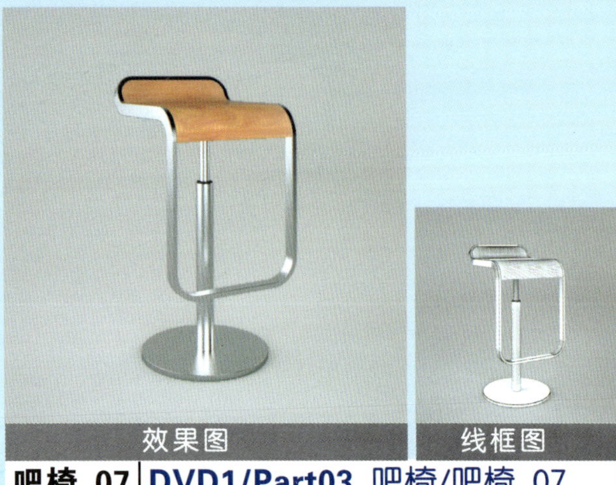

效果图 线框图

吧椅_07 | DVD1/Part03 吧椅/吧椅_07

效果图 线框图

吧椅_08 | DVD1/Part03 吧椅/吧椅_08

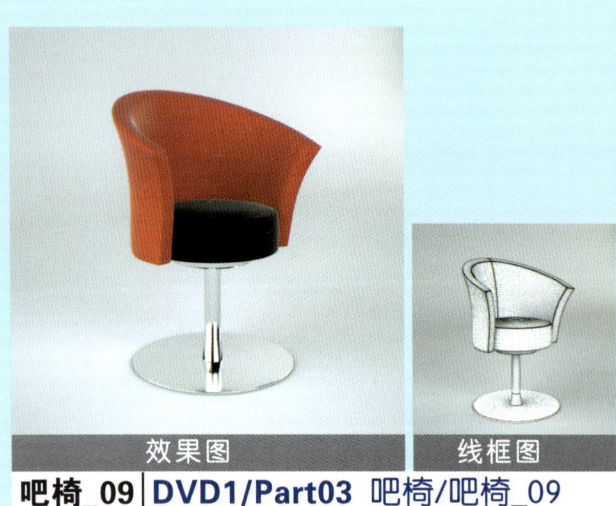

效果图 线框图

吧椅_09 | DVD1/Part03 吧椅/吧椅_09

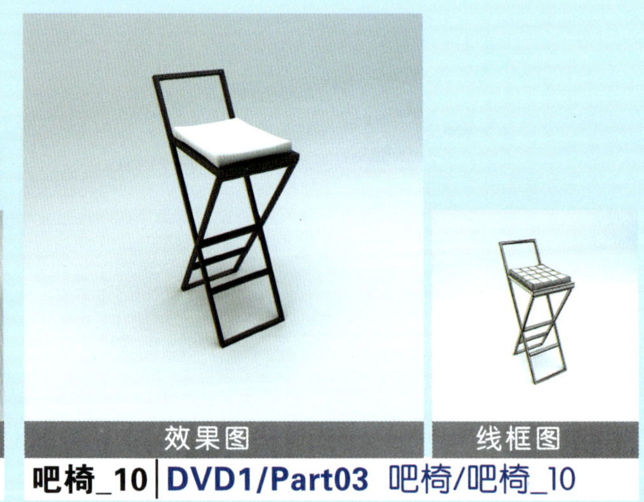

效果图 线框图

吧椅_10 | DVD1/Part03 吧椅/吧椅_10

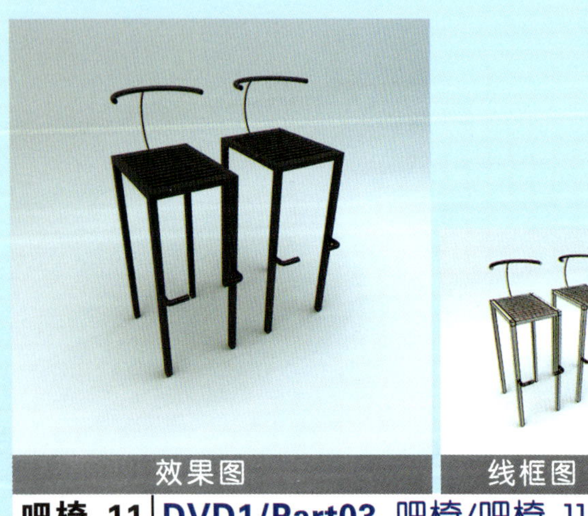

效果图 线框图

吧椅_11 | DVD1/Part03 吧椅/吧椅_11

效果图　线框图

躺椅_01 | **DVD1/Part04** 躺椅/躺椅_01

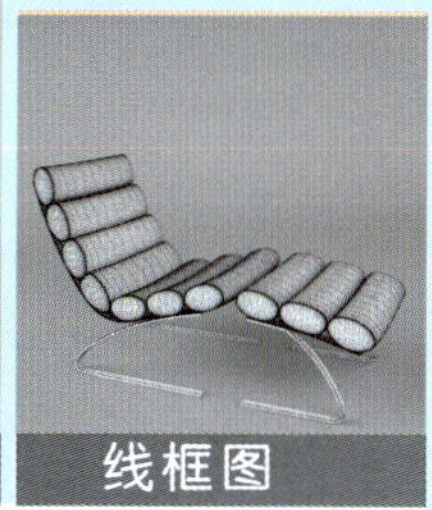

效果图　线框图

躺椅_02 | **DVD1/Part04** 躺椅/躺椅_02

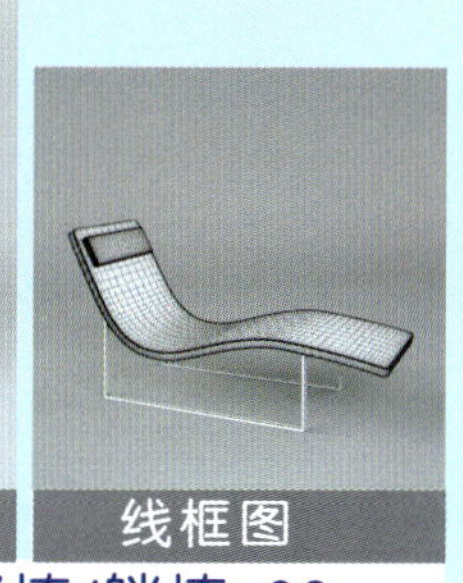

效果图　线框图

躺椅_03 | **DVD1/Part04** 躺椅/躺椅_03

效果图　线框图

躺椅_04 | **DVD1/Part04** 躺椅/躺椅_04

效果图　线框图

躺椅_05 | **DVD1/Part04** 躺椅/躺椅_05

效果图　线框图

躺椅_06 | **DVD1/Part04** 躺椅/躺椅_06

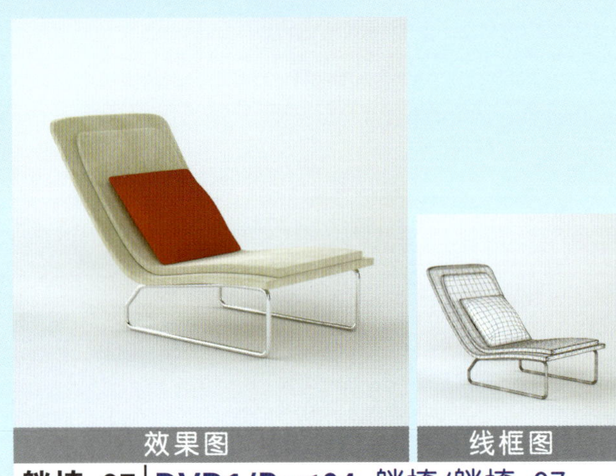

效果图 线框图

躺椅_07 | DVD1/Part04 躺椅/躺椅_07

效果图 线框图

躺椅_08 | DVD1/Part04 躺椅/躺椅_08

效果图 线框图

躺椅_09 | DVD1/Part04 躺椅/躺椅_09

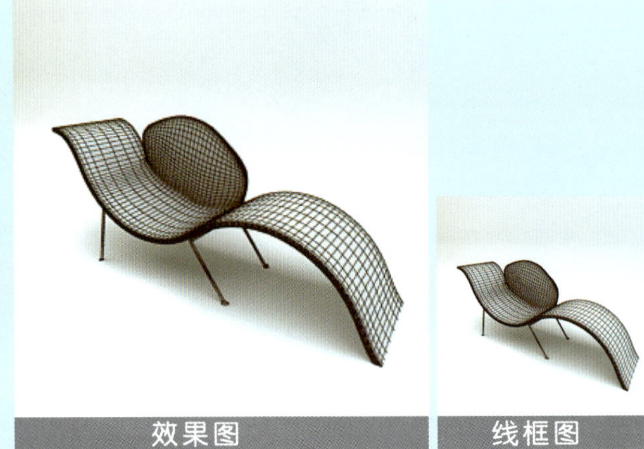

效果图 线框图

躺椅_10 | DVD1/Part04 躺椅/躺椅_10

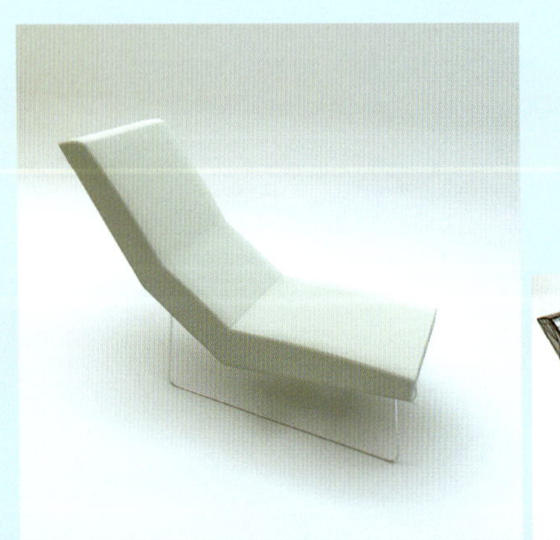

效果图 线框图

躺椅_11 | DVD1/Part04 躺椅/躺椅_11

效果图 线框图

躺椅_12 | DVD1/Part04 躺椅/躺椅_12

效果图 线框图

沙发_01 | **DVD1/Part05** 沙发/沙发_01

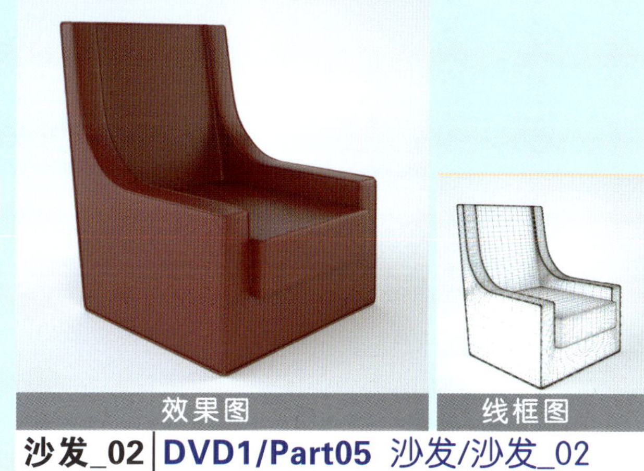

效果图 线框图

沙发_02 | **DVD1/Part05** 沙发/沙发_02

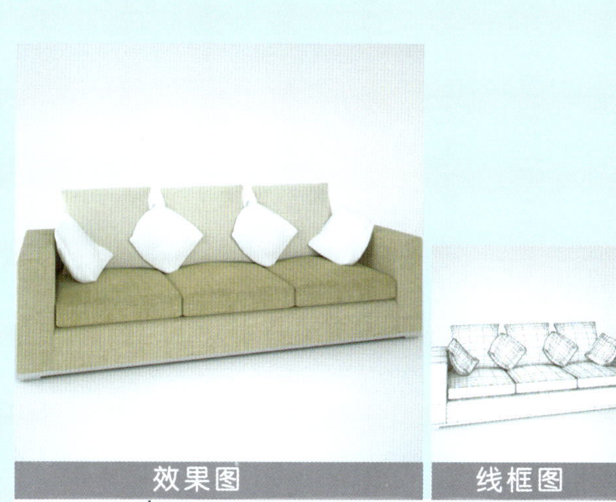

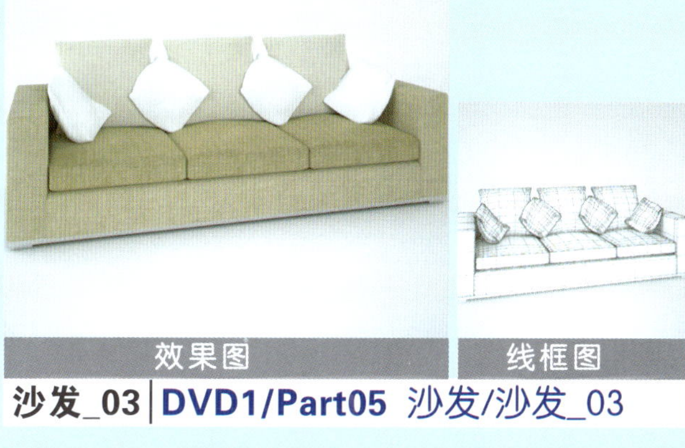

效果图 线框图

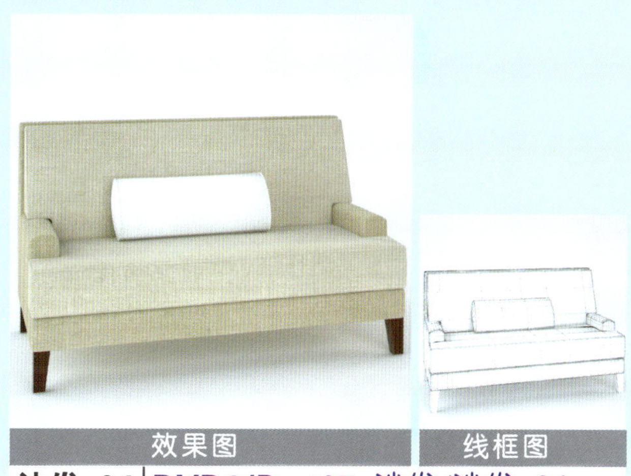

效果图 线框图

沙发_03 | **DVD1/Part05** 沙发/沙发_03

沙发_04 | **DVD1/Part05** 沙发/沙发_04

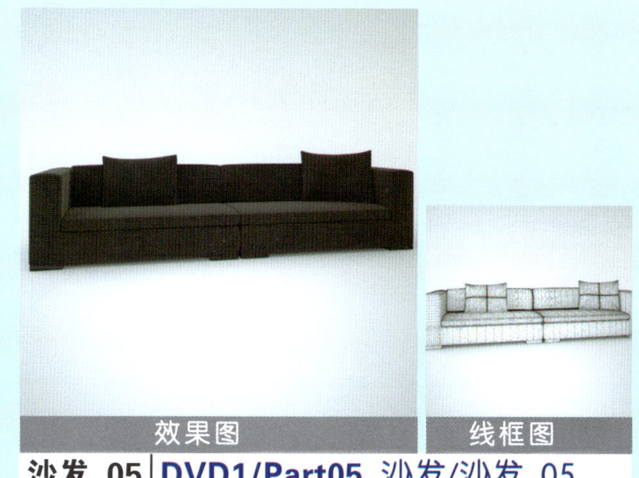

效果图 线框图

沙发_05 | **DVD1/Part05** 沙发/沙发_05

效果图 线框图

沙发_06 | **DVD1/Part05** 沙发/沙发_06

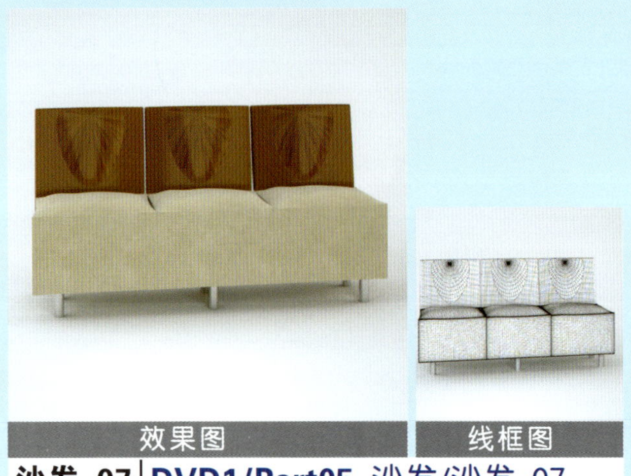

效果图 线框图

沙发_07 | DVD1/Part05 沙发/沙发_07

效果图 线框图

沙发_08 | DVD1/Part05 沙发/沙发_08

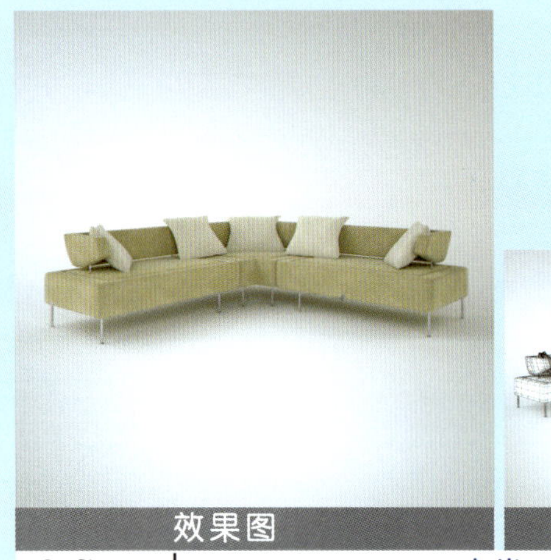

效果图 线框图

沙发_09 | DVD1/Part05 沙发/沙发_09

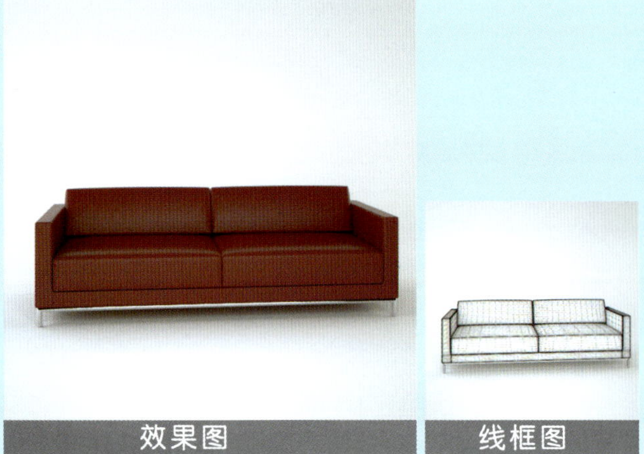

效果图 线框图

沙发_10 | DVD1/Part05 沙发/沙发_10

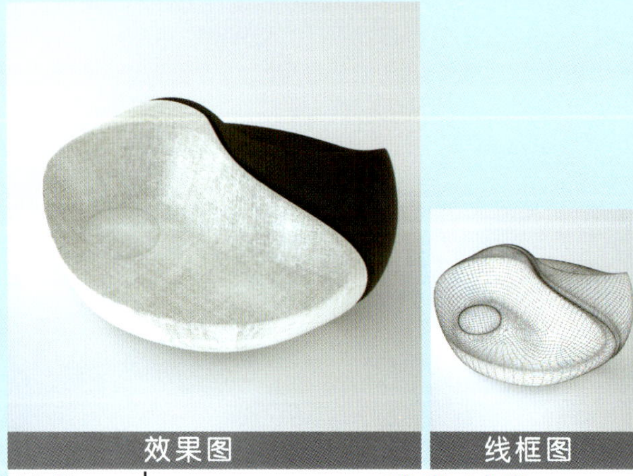

效果图 线框图

沙发_11 | DVD1/Part05 沙发/沙发_11

效果图 线框图

沙发_12 | DVD1/Part05 沙发/沙发_12

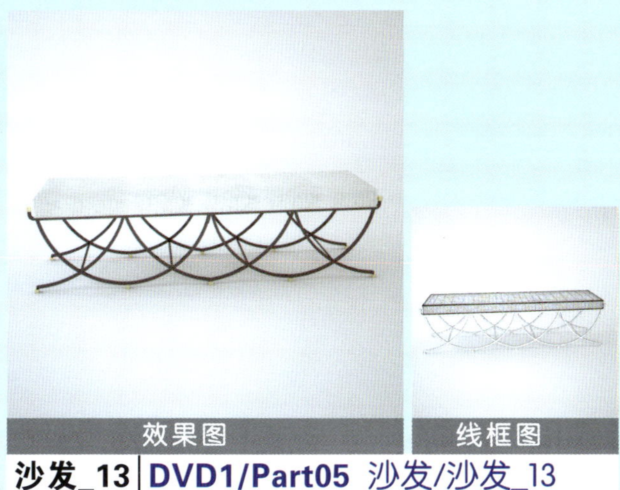

沙发_13 | DVD1/Part05 沙发/沙发_13

沙发_14 | DVD1/Part05 沙发/沙发_14

沙发_15 | DVD1/Part05 沙发/沙发_15

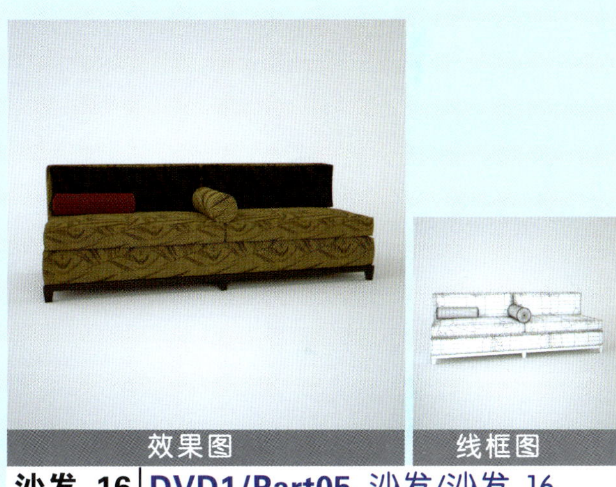

沙发_16 | DVD1/Part05 沙发/沙发_16

沙发_17 | DVD1/Part05 沙发/沙发_17

沙发_18 | DVD1/Part05 沙发/沙发_18

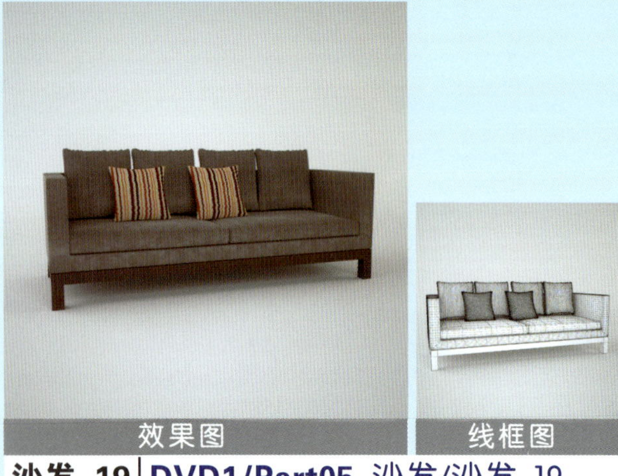

效果图 线框图

沙发_19 | **DVD1/Part05** 沙发/沙发_19

效果图 线框图

沙发_20 | **DVD1/Part05** 沙发/沙发_20

效果图 线框图

沙发_21 | **DVD1/Part05** 沙发/沙发_21

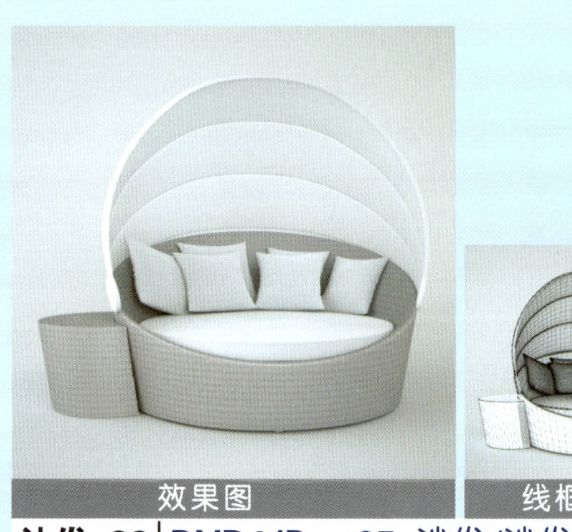

效果图 线框图

沙发_22 | **DVD1/Part05** 沙发/沙发_22

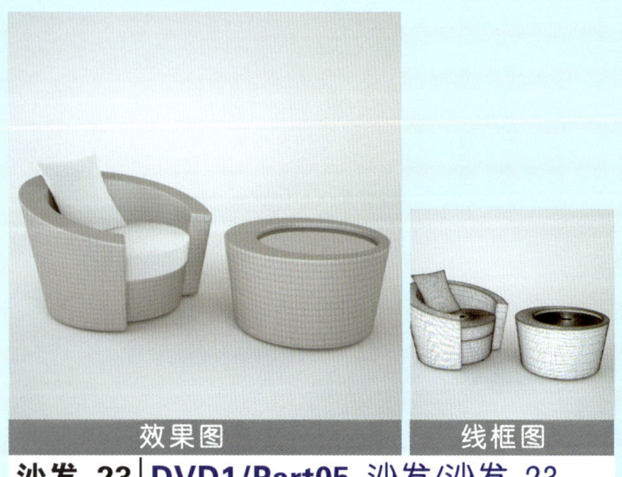

效果图 线框图

沙发_23 | **DVD1/Part05** 沙发/沙发_23

效果图 线框图

沙发_24 | **DVD1/Part05** 沙发/沙发_24

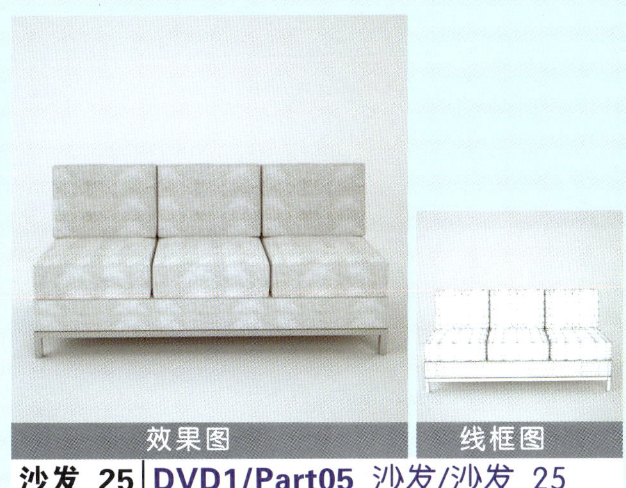

效果图 线框图

沙发_25 | DVD1/Part05 沙发/沙发_25

效果图 线框图

沙发_26 | DVD1/Part05 沙发/沙发_26

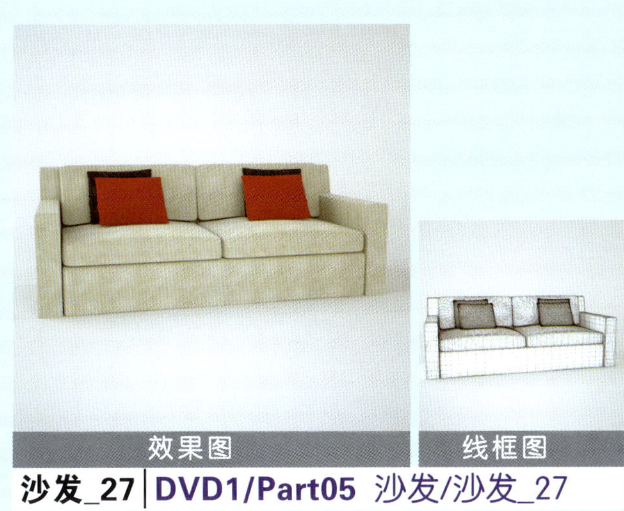

效果图 线框图

沙发_27 | DVD1/Part05 沙发/沙发_27

效果图 线框图

沙发_28 | DVD1/Part05 沙发/沙发_28

效果图 线框图

沙发_29 | DVD1/Part05 沙发/沙发_29

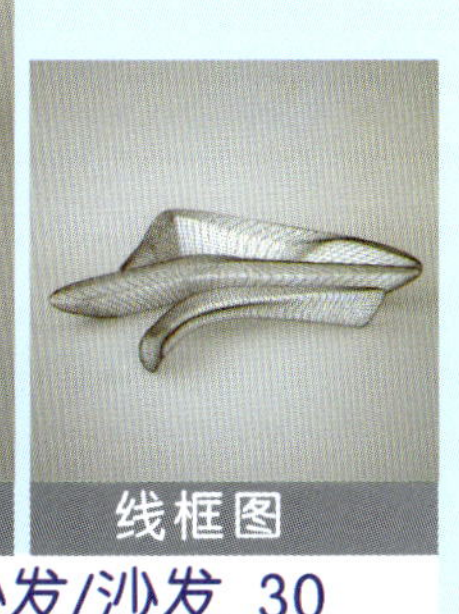

效果图 线框图

沙发_30 | DVD1/Part05 沙发/沙发_30

效果图

线框图

沙发_31 | **DVD1/Part05** 沙发/沙发_31

效果图

线框图

沙发_32 | **DVD1/Part05** 沙发/沙发_32

效果图

线框图

沙发_33 | **DVD1/Part05** 沙发/沙发_33

效果图

线框图

沙发_34 | **DVD1/Part05** 沙发/沙发_34

效果图

线框图

沙发_35 | **DVD1/Part05** 沙发/沙发_35

效果图

线框图

沙发_36 | **DVD1/Part05** 沙发/沙发_36

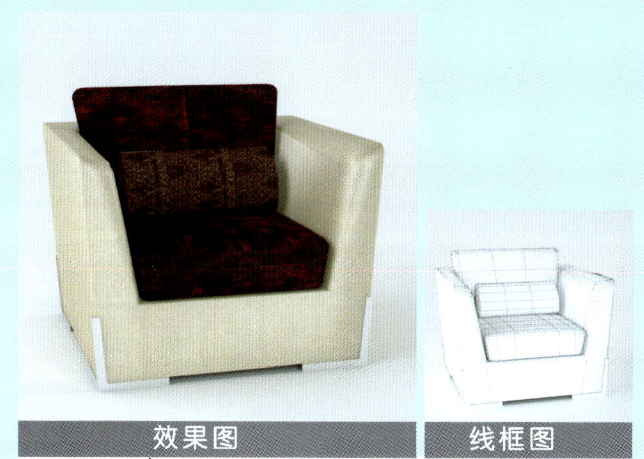

效果图 线框图

沙发_37 | DVD1/Part05 沙发/沙发_37

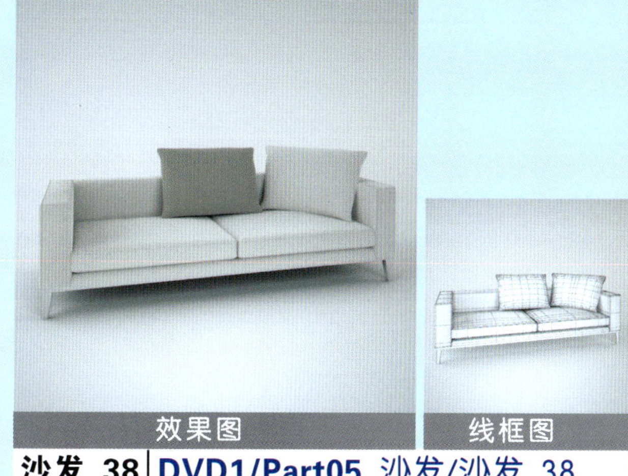

效果图 线框图

沙发_38 | DVD1/Part05 沙发/沙发_38

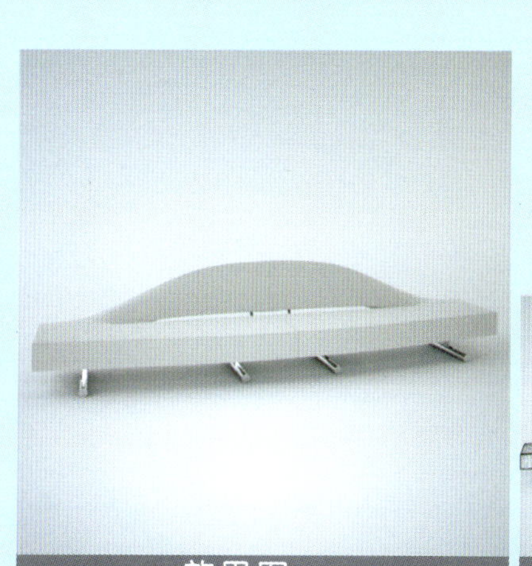

效果图 线框图

沙发_39 | DVD1/Part05 沙发/沙发_39

效果图 线框图

沙发_40 | DVD1/Part05 沙发/沙发_40

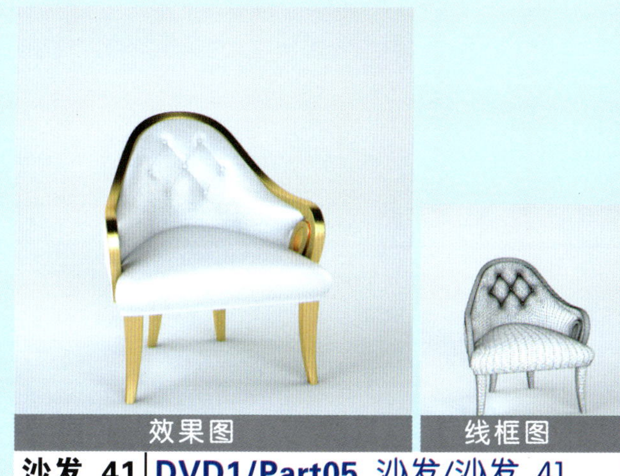

效果图 线框图

沙发_41 | DVD1/Part05 沙发/沙发_41

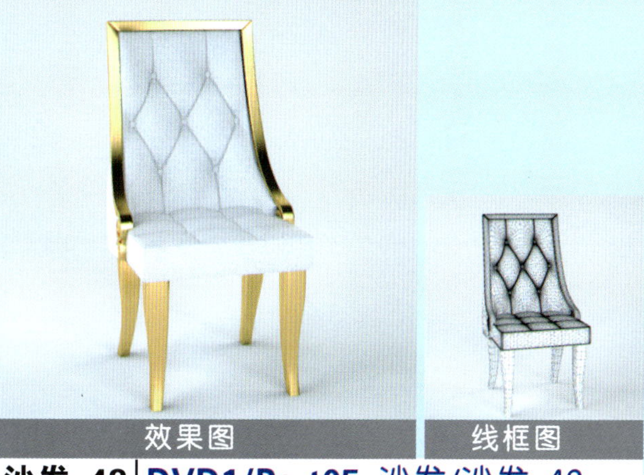

效果图 线框图

沙发_42 | DVD1/Part05 沙发/沙发_42

效果图 线框图

沙发_43 | **DVD1/Part05** 沙发/沙发_43

效果图 线框图

沙发_44 | **DVD1/Part05** 沙发/沙发_44

效果图 线框图

沙发_45 | **DVD1/Part05** 沙发/沙发_45

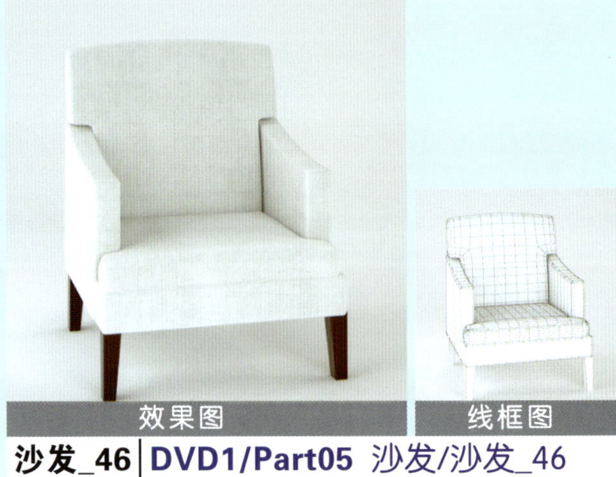

效果图 线框图

沙发_46 | **DVD1/Part05** 沙发/沙发_46

效果图 线框图

沙发_47 | **DVD1/Part05** 沙发/沙发_47

效果图 线框图

沙发_48 | **DVD1/Part05** 沙发/沙发_48

效果图 线框图

沙发_49 | DVD1/Part05 沙发/沙发_49

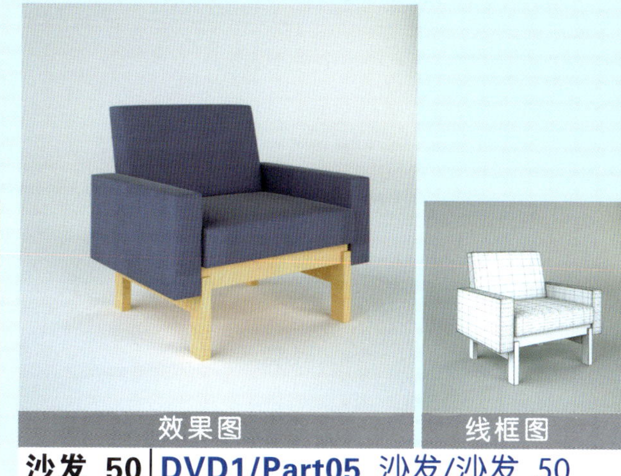

效果图 线框图

沙发_50 | DVD1/Part05 沙发/沙发_50

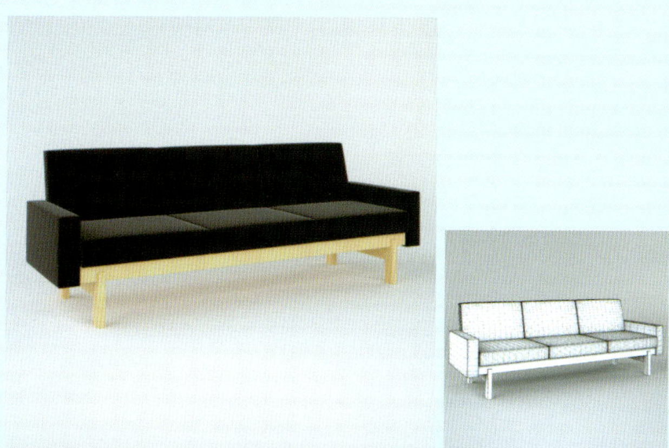

效果图 线框图

沙发_51 | DVD1/Part05 沙发/沙发_51

效果图 线框图

沙发_52 | DVD1/Part05 沙发/沙发_52

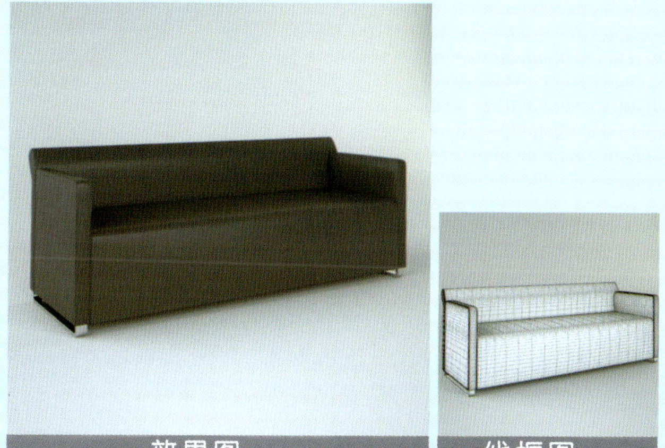

效果图 线框图

沙发_53 | DVD1/Part05 沙发/沙发_53

效果图 线框图

沙发_54 | DVD1/Part05 沙发/沙发_54

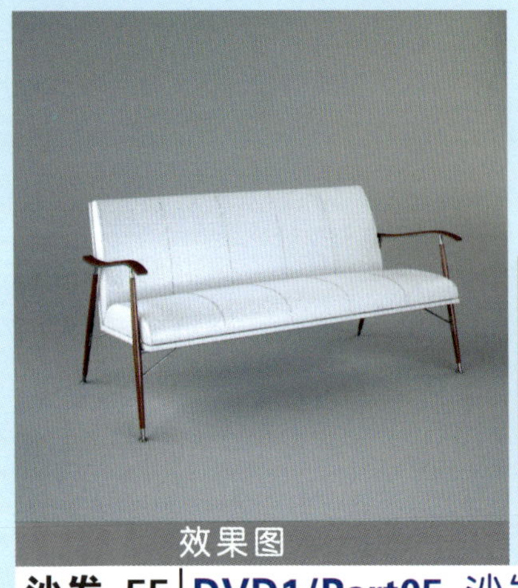

效果图　线框图

沙发_55 | DVD1/Part05 沙发/沙发_55

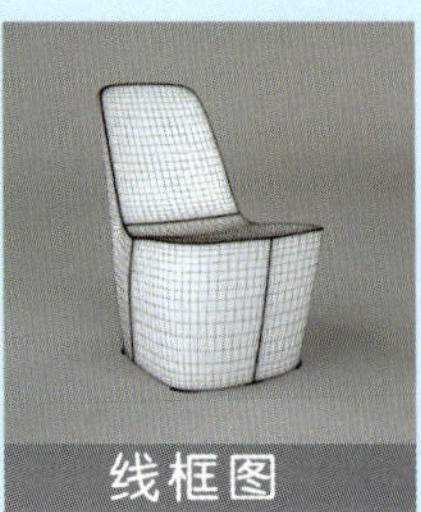

效果图　线框图

沙发_56 | DVD1/Part05 沙发/沙发_56

效果图　线框图

沙发_57 | DVD1/Part05 沙发/沙发_57

效果图　线框图

沙发_58 | DVD1/Part05 沙发/沙发_58

效果图　线框图

沙发_59 | DVD1/Part05 沙发/沙发_59

效果图　线框图

沙发_60 | DVD1/Part05 沙发/沙发_60

效果图 线框图

沙发_61 | DVD1/Part05 沙发/沙发_61

效果图 线框图

沙发_62 | DVD1/Part05 沙发/沙发_62

效果图 线框图

沙发_63 | DVD1/Part05 沙发/沙发_63

效果图 线框图

沙发_64 | DVD1/Part05 沙发/沙发_64

效果图 线框图

沙发_65 | DVD1/Part05 沙发/沙发_65

效果图 线框图

沙发_66 | DVD1/Part05 沙发/沙发_66

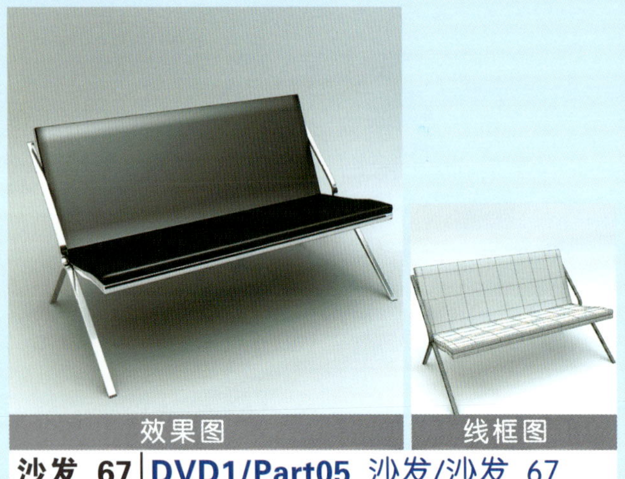

效果图 线框图

沙发_67 | **DVD1/Part05** 沙发/沙发_67

效果图 线框图

沙发_68 | **DVD1/Part05** 沙发/沙发_68

效果图 线框图

沙发_69 | **DVD1/Part05** 沙发/沙发_69

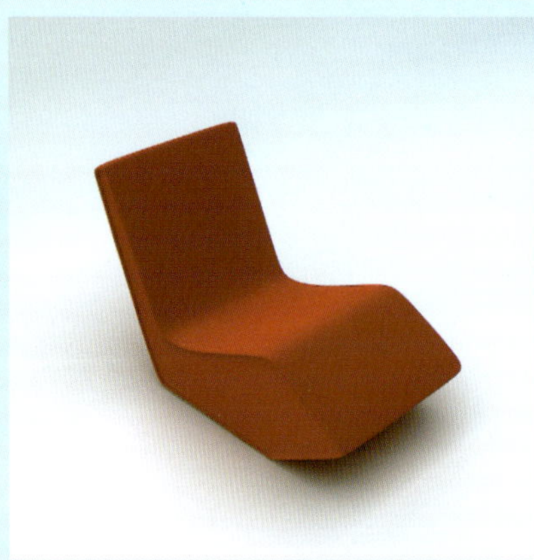

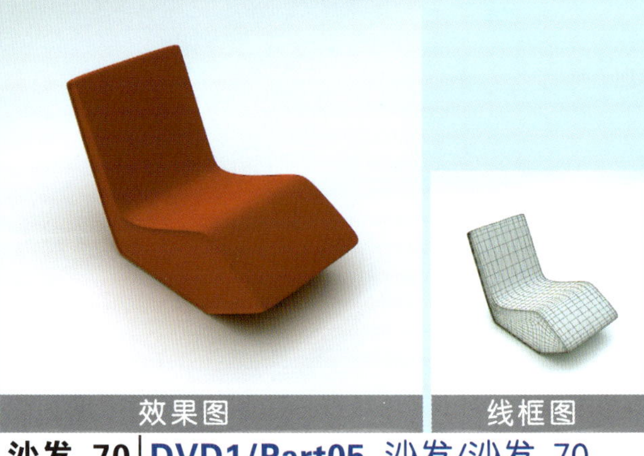

效果图 线框图

沙发_70 | **DVD1/Part05** 沙发/沙发_70

效果图 线框图

沙发_71 | **DVD1/Part05** 沙发/沙发_71

效果图 线框图

沙发_72 | **DVD1/Part05** 沙发/沙发_72

效果图

线框图

沙发_73 | DVD1/Part05 沙发/沙发_73

效果图

线框图

沙发_74 | DVD1/Part05 沙发/沙发_74

效果图

线框图

沙发_75 | DVD1/Part05 沙发/沙发_75

效果图

线框图

沙发_76 | DVD1/Part05 沙发/沙发_76

效果图

线框图

沙发_77 | DVD1/Part05 沙发/沙发_77

效果图

线框图

沙发_78 | DVD1/Part05 沙发/沙发_78

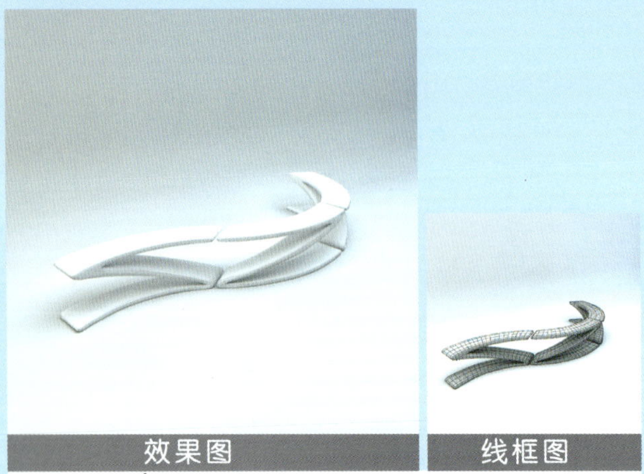
效果图 线框图

沙发_79 | DVD1/Part05 沙发/沙发_79

效果图 线框图

沙发_80 | DVD1/Part05 沙发/沙发_80

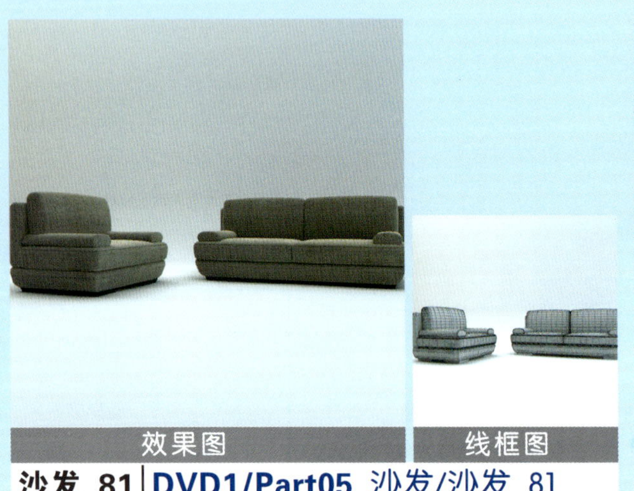
效果图 线框图

沙发_81 | DVD1/Part05 沙发/沙发_81

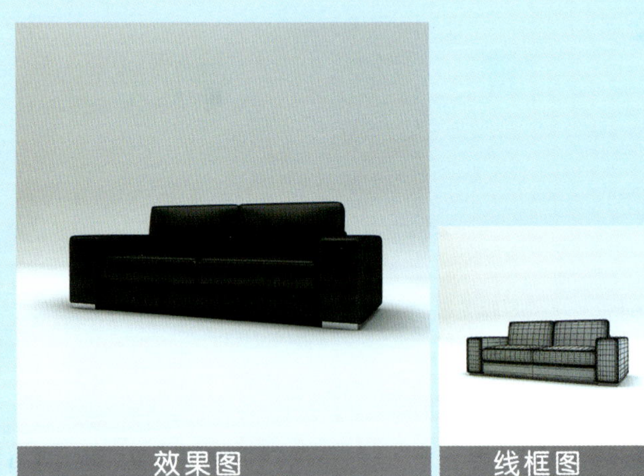
效果图 线框图

沙发_82 | DVD1/Part05 沙发/沙发_82

效果图 线框图

沙发_83 | DVD1/Part05 沙发/沙发_83

效果图 线框图

沙发_84 | DVD1/Part05 沙发/沙发_84

效果图 线框图

沙发_85 | **DVD1/Part05** 沙发/沙发_85

效果图 线框图

沙发_86 | **DVD1/Part05** 沙发/沙发_86

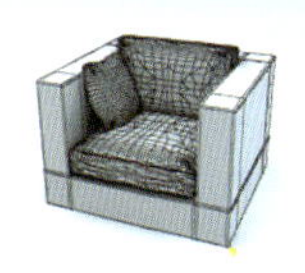

效果图 线框图

沙发_87 | **DVD1/Part05** 沙发/沙发_87

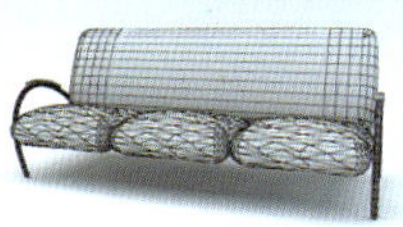

效果图 线框图

沙发_88 | **DVD1/Part05** 沙发/沙发_88

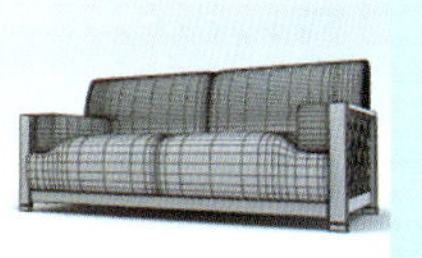

效果图 线框图

沙发_89 | **DVD1/Part05** 沙发/沙发_89

效果图 线框图

沙发_90 | **DVD1/Part05** 沙发/沙发_90

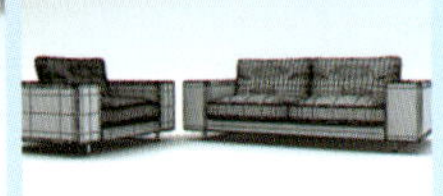

效果图 线框图

沙发_91 | DVD1/Part05 沙发/沙发_91

效果图 线框图

沙发_92 | DVD1/Part05 沙发/沙发_92

效果图 线框图

沙发_93 | DVD1/Part05 沙发/沙发_93

效果图 线框图

沙发_94 | DVD1/Part05 沙发/沙发_94

效果图 线框图

沙发_95 | DVD1/Part05 沙发/沙发_95

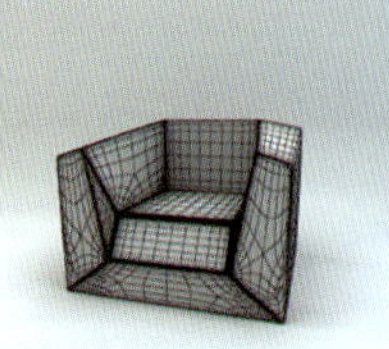

效果图 线框图

沙发_96 | DVD1/Part05 沙发/沙发_96

效果图 线框图

沙发_97 | **DVD1/Part05** 沙发/沙发_97

效果图 线框图

沙发_98 | **DVD1/Part05** 沙发/沙发_98

效果图 线框图

沙发_99 | **DVD1/Part05** 沙发/沙发_99

效果图 线框图

沙发_100 | **DVD1/Part05** 沙发/沙发_100

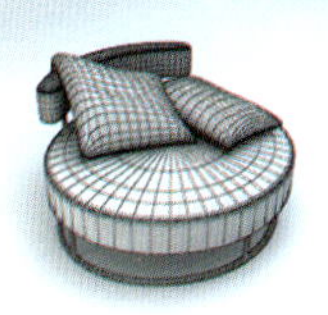

效果图 线框图

沙发_101 | **DVD1/Part05** 沙发/沙发_101

效果图 线框图

沙发_102 | **DVD1/Part05** 沙发/沙发_102

效果图 线框图

沙发_103 | **DVD1/Part05** 沙发/沙发_103

效果图 线框图

沙发_104 | **DVD1/Part05** 沙发/沙发_104

效果图 线框图

沙发_105 | **DVD1/Part05** 沙发/沙发_105

效果图 线框图

沙发_106 | **DVD1/Part05** 沙发/沙发_106

效果图 线框图

沙发_107 | **DVD1/Part05** 沙发/沙发_107

效果图 线框图

沙发_108 | **DVD1/Part05** 沙发/沙发_108

效果图 线框图

沙发_109 | DVD1/Part05 沙发/沙发_109

效果图 线框图

沙发_110 | DVD1/Part05 沙发/沙发_110

效果图 线框图

沙发_111 | DVD1/Part05 沙发/沙发_111

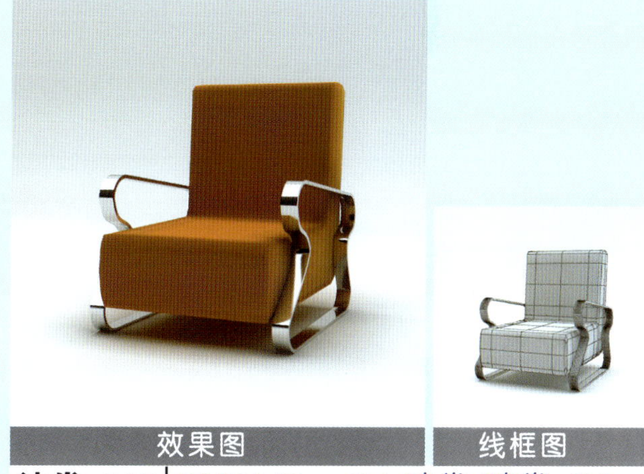

效果图 线框图

沙发_112 | DVD1/Part05 沙发/沙发_112

效果图 线框图

沙发_113 | DVD1/Part05 沙发/沙发_113

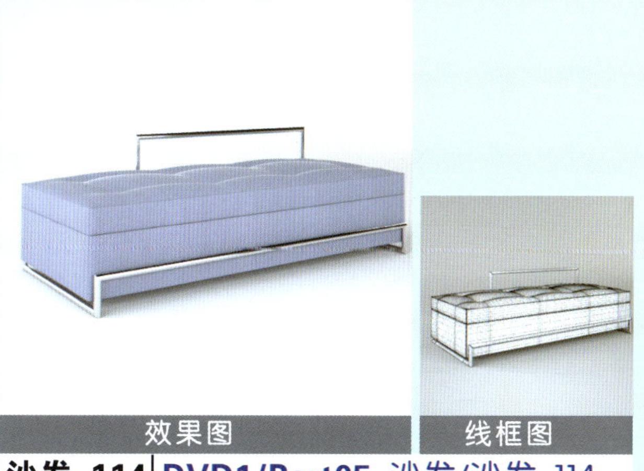

效果图 线框图

沙发_114 | DVD1/Part05 沙发/沙发_114

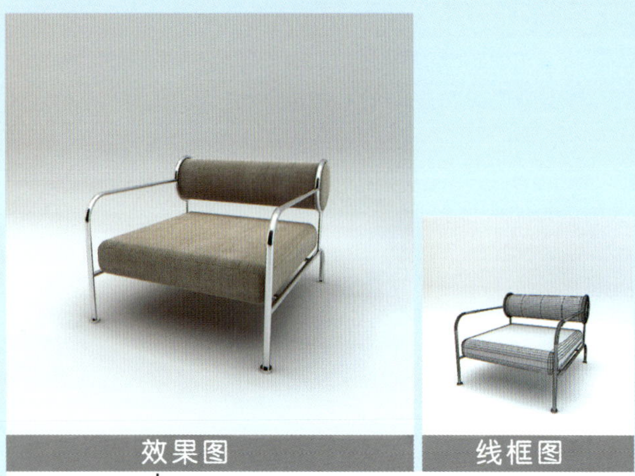

效果图 线框图

沙发_115 | **DVD1/Part05** 沙发/沙发_115

效果图 线框图

沙发_116 | **DVD1/Part05** 沙发/沙发_116

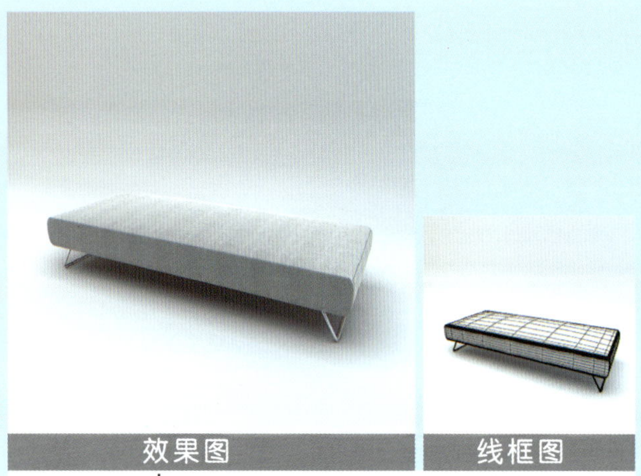

效果图 线框图

沙发_117 | **DVD1/Part05** 沙发/沙发_117

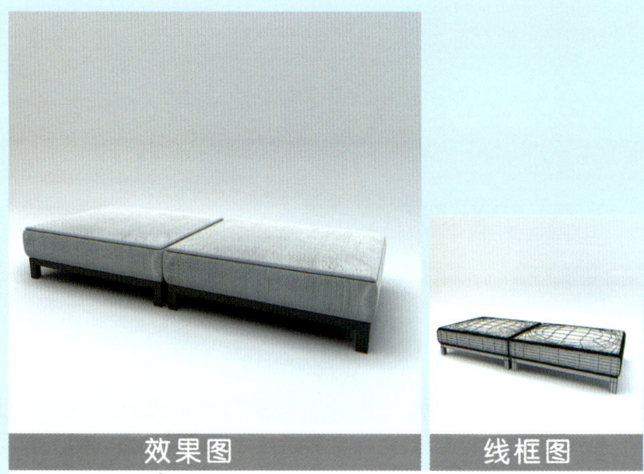

效果图 线框图

沙发_118 | **DVD1/Part05** 沙发/沙发_118

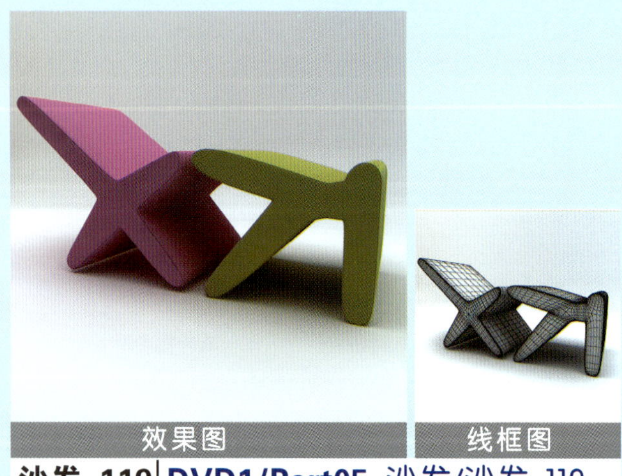

效果图 线框图

沙发_119 | **DVD1/Part05** 沙发/沙发_119

效果图 线框图

沙发_120 | **DVD1/Part05** 沙发/沙发_120

效果图 线框图

沙发_121 | **DVD1/Part05** 沙发/沙发_121

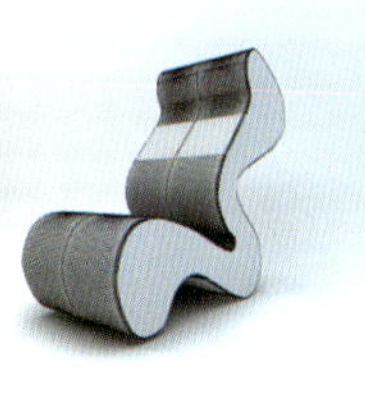

效果图 线框图

沙发_122 | **DVD1/Part05** 沙发/沙发_122

效果图 线框图

沙发_123 | **DVD1/Part05** 沙发/沙发_123

效果图 线框图

沙发_124 | **DVD1/Part05** 沙发/沙发_124

效果图 线框图

沙发_125 | **DVD1/Part05** 沙发/沙发_125

效果图 线框图

沙发_126 | **DVD1/Part05** 沙发/沙发_126

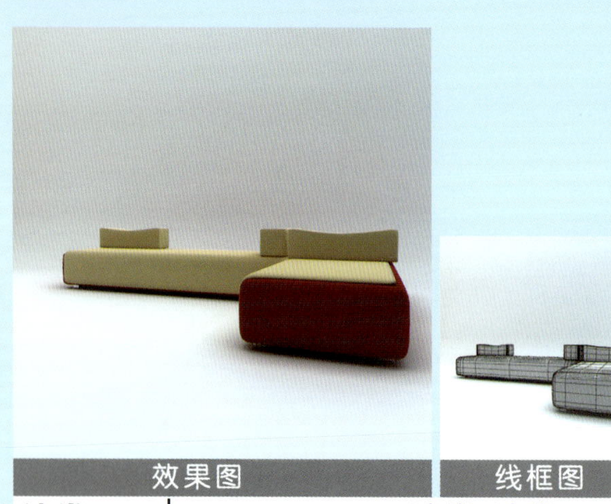

效果图 线框图

沙发_127 | DVD1/Part05 沙发/沙发_127

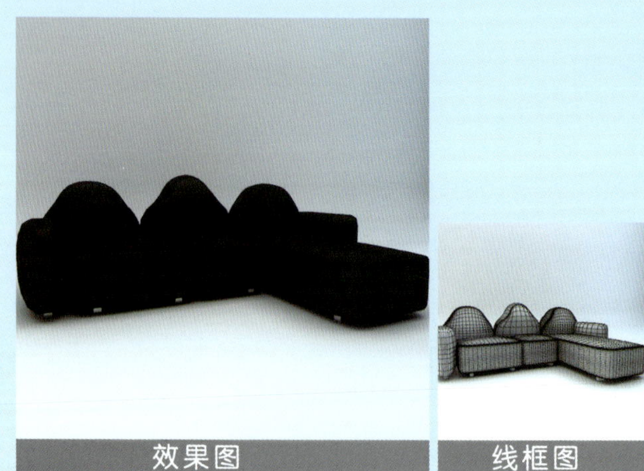

效果图 线框图

沙发_128 | DVD1/Part05 沙发/沙发_128

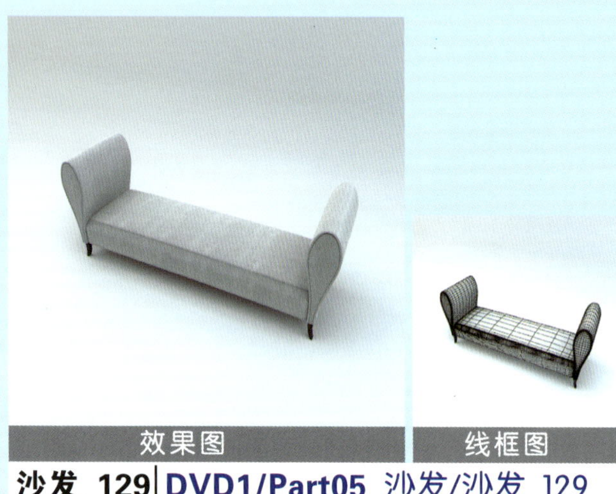

效果图 线框图

沙发_129 | DVD1/Part05 沙发/沙发_129

效果图 线框图

沙发_130 | DVD1/Part05 沙发/沙发_130

效果图 线框图

沙发_131 | DVD1/Part05 沙发/沙发_131

效果图 线框图

沙发_132 | DVD1/Part05 沙发/沙发_132

效果图 线框图

沙发_133 | DVD1/Part05 沙发/沙发_133

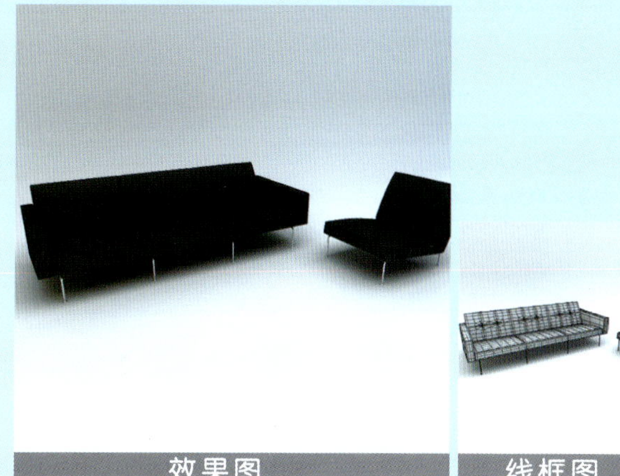

效果图 线框图

沙发_134 | DVD1/Part05 沙发/沙发_134

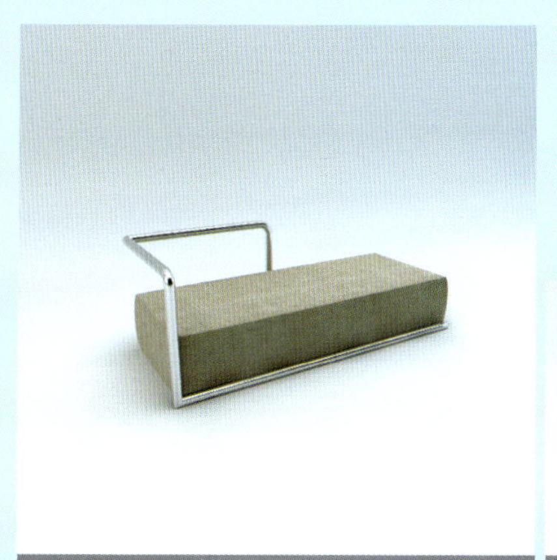

效果图 线框图

沙发_135 | DVD1/Part05 沙发/沙发_135

效果图 线框图

沙发_136 | DVD1/Part05 沙发/沙发_136

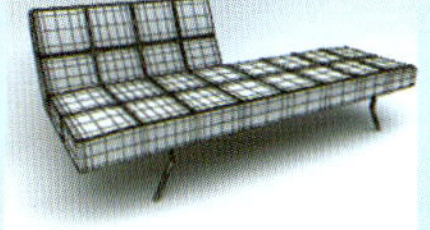

效果图 线框图

沙发_137 | DVD1/Part05 沙发/沙发_137

效果图 线框图

沙发_138 | DVD1/Part05 沙发/沙发_138

效果图

线框图

沙发_139 | **DVD1/Part05** 沙发/沙发_139

效果图

线框图

沙发_140 | **DVD1/Part05** 沙发/沙发_140

效果图

线框图

沙发_141 | **DVD1/Part05** 沙发/沙发_141

效果图

线框图

沙发_142 | **DVD1/Part05** 沙发/沙发_142

效果图

线框图

沙发_143 | **DVD1/Part05** 沙发/沙发_143

效果图

线框图

沙发_144 | **DVD1/Part05** 沙发/沙发_144

效果图 线框图

沙发_145 | DVD1/Part05 沙发/沙发_145

效果图 线框图

沙发_146 | DVD1/Part05 沙发/沙发_146

效果图 线框图

沙发_147 | DVD1/Part05 沙发/沙发_147

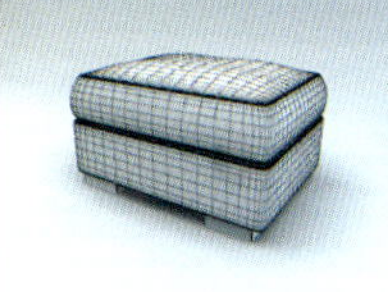

效果图 线框图

沙发_148 | DVD1/Part05 沙发/沙发_148

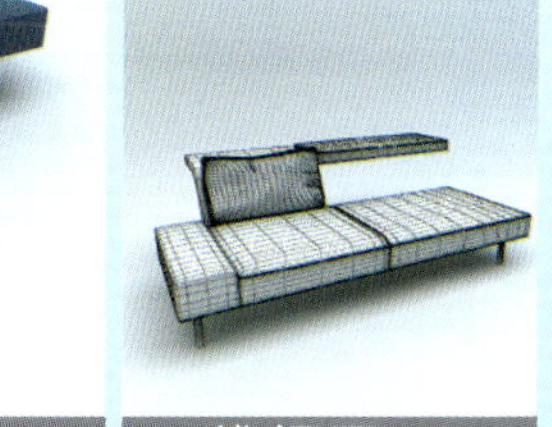

效果图 线框图

沙发_149 | DVD1/Part05 沙发/沙发_149

效果图 线框图

沙发_150 | DVD1/Part05 沙发/沙发_150

效果图

线框图

沙发_151 | **DVD1/Part05** 沙发/沙发_151

效果图

线框图

沙发_152 | **DVD1/Part05** 沙发/沙发_152

效果图

线框图

沙发_153 | **DVD1/Part05** 沙发/沙发_153

效果图

线框图

沙发_154 | **DVD1/Part05** 沙发/沙发_154

效果图

线框图

沙发_155 | **DVD1/Part05** 沙发/沙发_155

效果图

线框图

沙发_156 | **DVD1/Part05** 沙发/沙发_156

效果图 线框图

沙发_157 | DVD1/Part05 沙发/沙发_157

效果图 线框图

沙发_158 | DVD1/Part05 沙发/沙发_158

效果图 线框图

沙发_159 | DVD1/Part05 沙发/沙发_159

效果图 线框图

沙发_160 | DVD1/Part05 沙发/沙发_160

效果图 线框图

沙发_161 | DVD1/Part05 沙发/沙发_161

效果图 线框图

沙发_162 | DVD1/Part05 沙发/沙发_162

效果图 线框图

沙发_163 | DVD1/Part05 沙发/沙发_163

效果图 线框图

沙发_164 | DVD1/Part05 沙发/沙发_164

效果图 线框图

沙发_165 | DVD1/Part05 沙发/沙发_165

效果图 线框图

沙发_166 | DVD1/Part05 沙发/沙发_166

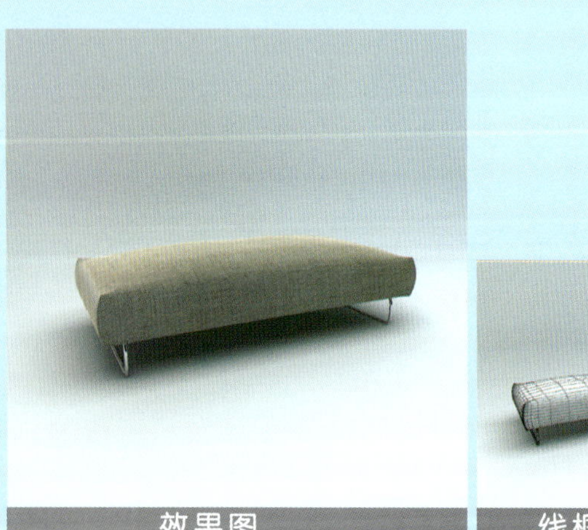

效果图 线框图

沙发_167 | DVD1/Part05 沙发/沙发_167

效果图 线框图

沙发_168 | DVD1/Part05 沙发/沙发_168

效果图 线框图

沙发_169 | DVD1/Part05 沙发/沙发_169

效果图 线框图

沙发_170 | DVD1/Part05 沙发/沙发_170

效果图 线框图

沙发_171 | DVD1/Part05 沙发/沙发_171

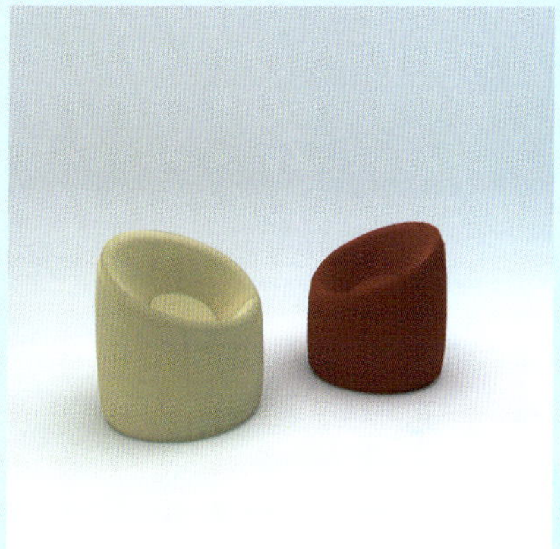

效果图 线框图

沙发_172 | DVD1/Part05 沙发/沙发_172

效果图 线框图

沙发_173 | DVD1/Part05 沙发/沙发_173

效果图 线框图

沙发_174 | DVD1/Part05 沙发/沙发_174

效果图

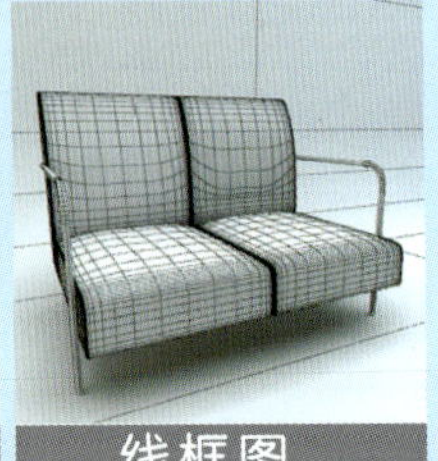
线框图

沙发_175 | **DVD1/Part05** 沙发/沙发_175

效果图

线框图

沙发_176 | **DVD1/Part05** 沙发/沙发_176

效果图

线框图

沙发_177 | **DVD1/Part05** 沙发/沙发_177

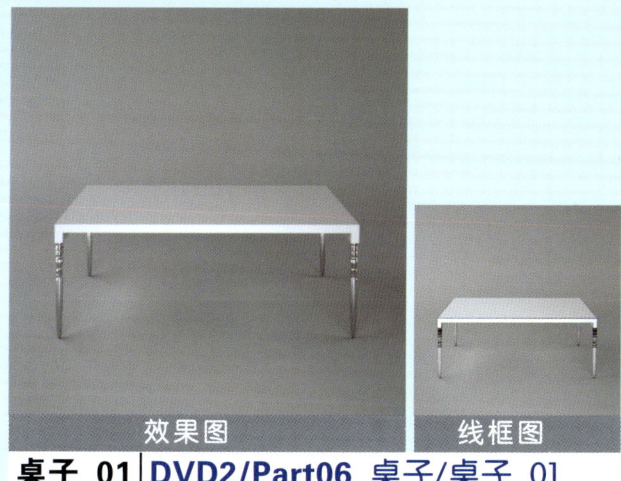
效果图 线框图

桌子_01 | **DVD2/Part06** 桌子/桌子_01

效果图 线框图

桌子_02 | **DVD2/Part06** 桌子/桌子_02

效果图 线框图

桌子_03 | **DVD2/Part06** 桌子/桌子_03

效果图 线框图

桌子_04 | **DVD2/Part06** 桌子/桌子_04

效果图 线框图

桌子_05 | **DVD2/Part06** 桌子/桌子_05

效果图 线框图

桌子_06 | **DVD2/Part06** 桌子/桌子_06

效果图 线框图

桌子_07 | **DVD2/Part06** 桌子/桌子_07

效果图 线框图

桌子_08 | **DVD2/Part06** 桌子/桌子_08

效果图 线框图

桌子_09 | **DVD2/Part06** 桌子/桌子_09

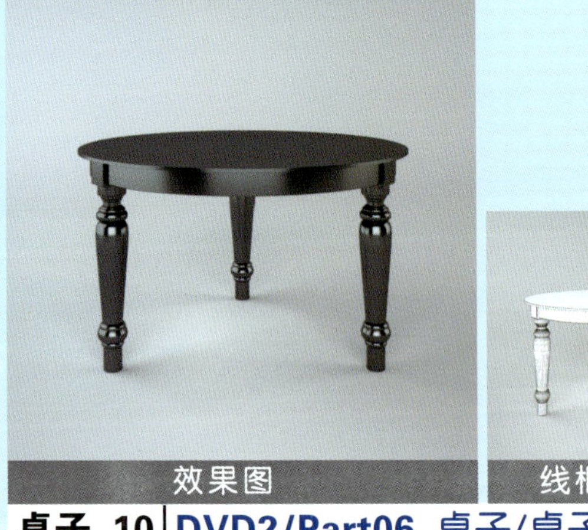
效果图 线框图

桌子_10 | **DVD2/Part06** 桌子/桌子_10

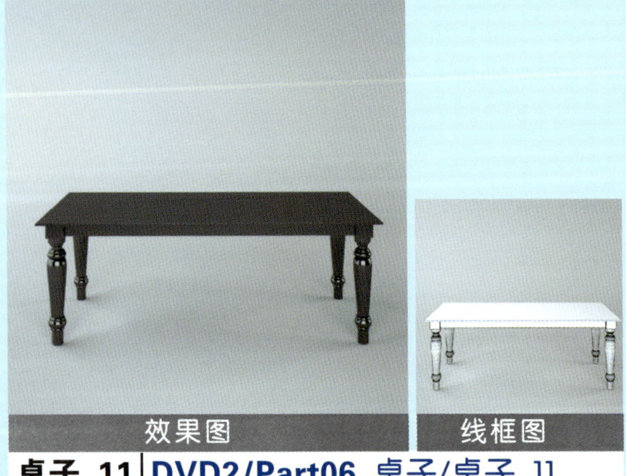

效果图 线框图

桌子_11 | **DVD2/Part06** 桌子/桌子_11

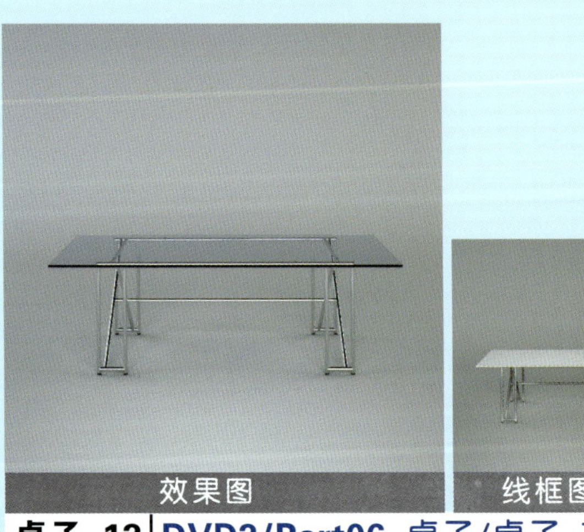
效果图 线框图

桌子_12 | **DVD2/Part06** 桌子/桌子_12

效果图

线框图

桌子_13 | **DVD2/Part06** 桌子/桌子_13

效果图

线框图

桌子_14 | **DVD2/Part06** 桌子/桌子_14

效果图

线框图

桌子_15 | **DVD2/Part06** 桌子/桌子_15

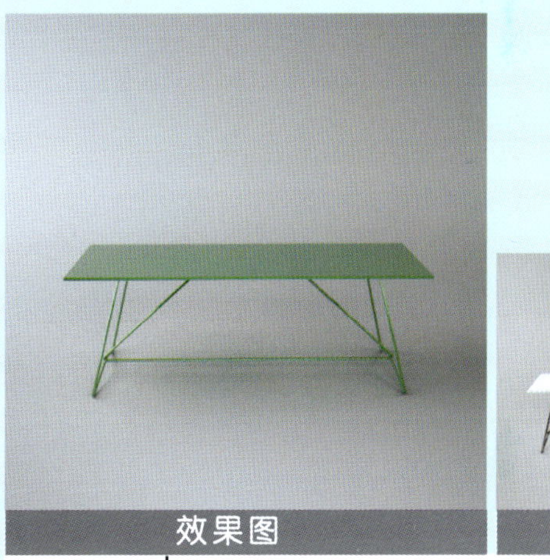

效果图

线框图

桌子_16 | **DVD2/Part06** 桌子/桌子_16

效果图

线框图

桌子_17 | **DVD2/Part06** 桌子/桌子_17

效果图

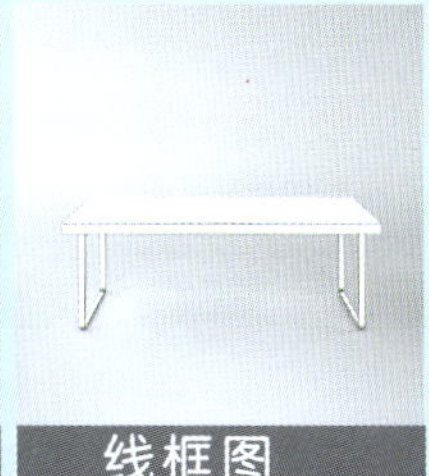

线框图

桌子_18 | **DVD2/Part06** 桌子/桌子_18

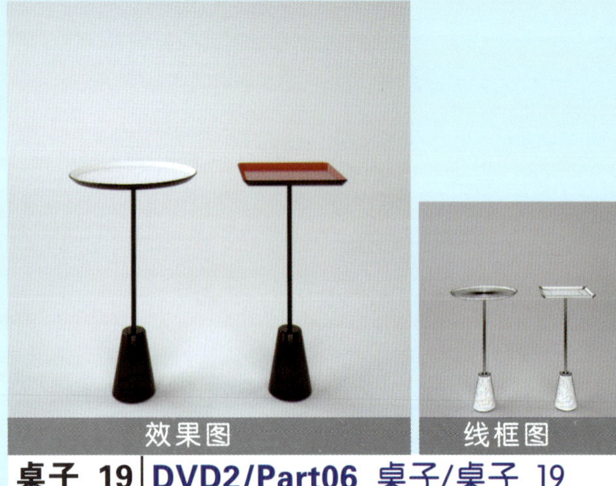
效果图 线框图

桌子_19 | **DVD2/Part06** 桌子/桌子_19

效果图 线框图

桌子_20 | **DVD2/Part06** 桌子/桌子_20

效果图 线框图

桌子_21 | **DVD2/Part06** 桌子/桌子_21

效果图 线框图

桌子_22 | **DVD2/Part06** 桌子/桌子_22

效果图 线框图

桌子_23 | **DVD2/Part06** 桌子/桌子_23

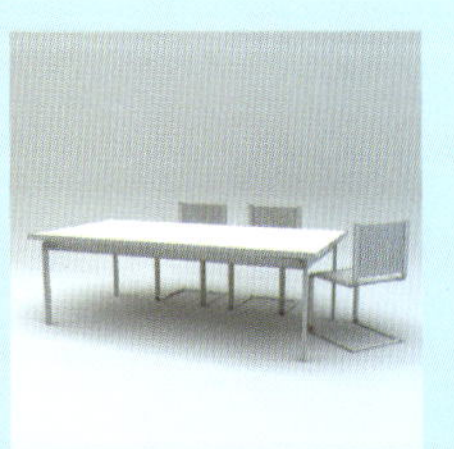
效果图 线框图

桌子_24 | **DVD2/Part06** 桌子/桌子_24

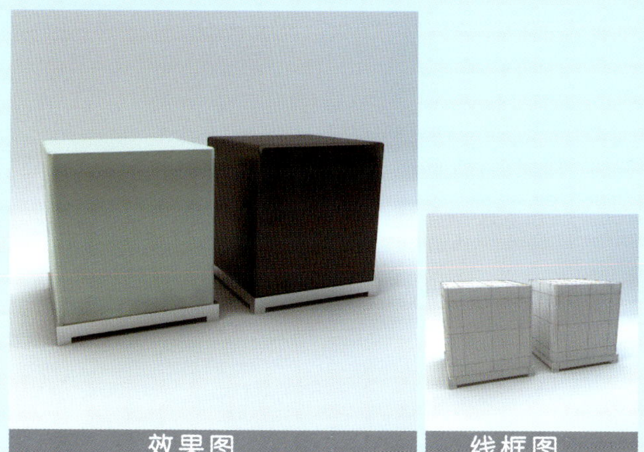

效果图 线框图

桌子_25 | DVD2/Part06 桌子/桌子_25

效果图 线框图

桌子_26 | DVD2/Part06 桌子/桌子_26

效果图 线框图

桌子_27 | DVD2/Part06 桌子/桌子_27

效果图 线框图

桌子_28 | DVD2/Part06 桌子/桌子_28

效果图 线框图

桌子_29 | DVD2/Part06 桌子/桌子_29

效果图 线框图

桌子_30 | DVD2/Part06 桌子/桌子_30

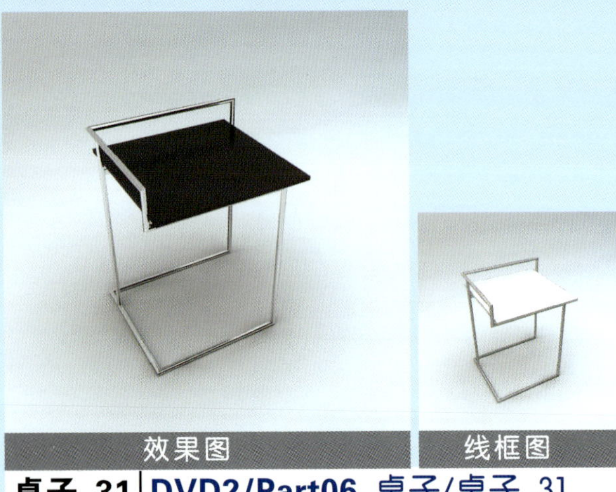

效果图 线框图

桌子_31 | **DVD2/Part06** 桌子/桌子_31

效果图 线框图

桌子_32 | **DVD2/Part06** 桌子/桌子_32

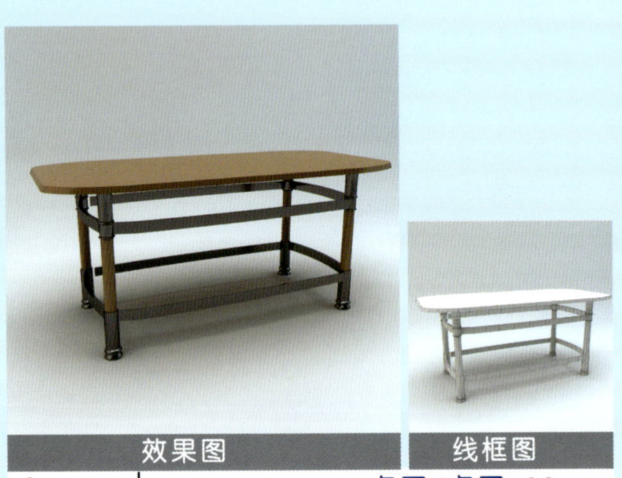

效果图 线框图

桌子_33 | **DVD2/Part06** 桌子/桌子_33

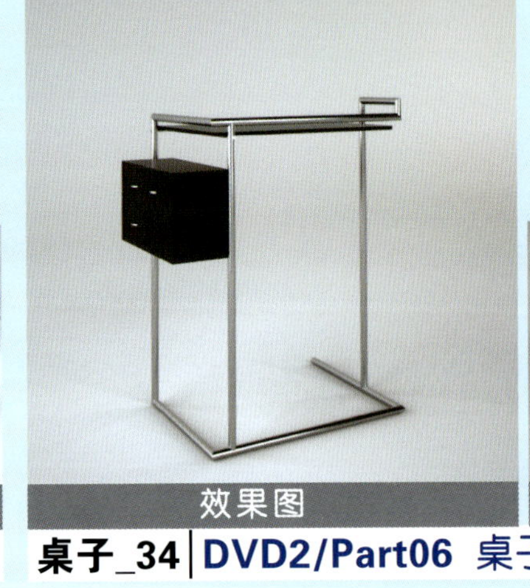

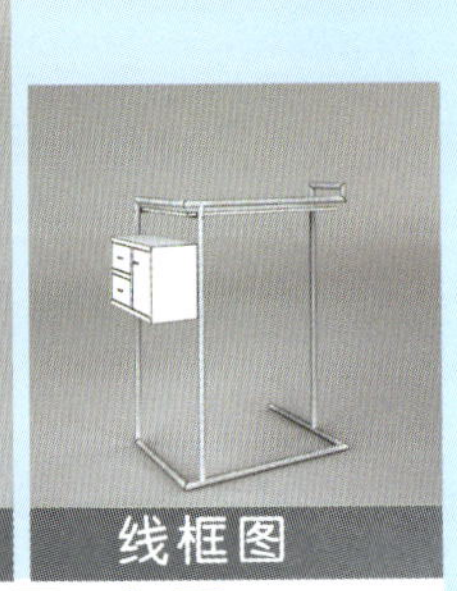

效果图 线框图

桌子_34 | **DVD2/Part06** 桌子/桌子_34

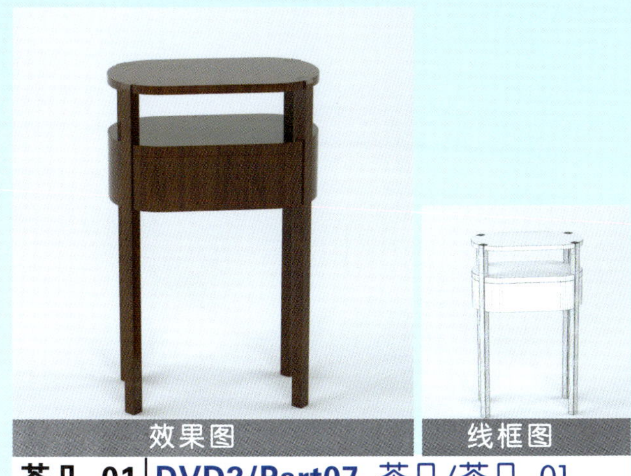

效果图 线框图

茶几_01 | DVD2/Part07 茶几/茶几_01

效果图 线框图

茶几_02 | DVD2/Part07 茶几/茶几_02

效果图 线框图

茶几_03 | DVD2/Part07 茶几/茶几_03

效果图 线框图

茶几_04 | DVD2/Part07 茶几/茶几_04

效果图 线框图

茶几_05 | DVD2/Part07 茶几/茶几_05

效果图 线框图

茶几_06 | DVD2/Part07 茶几/茶几_06

效果图 线框图

茶几_07 | **DVD2/Part07** 茶几/茶几_07

效果图 线框图

茶几_08 | **DVD2/Part07** 茶几/茶几_08

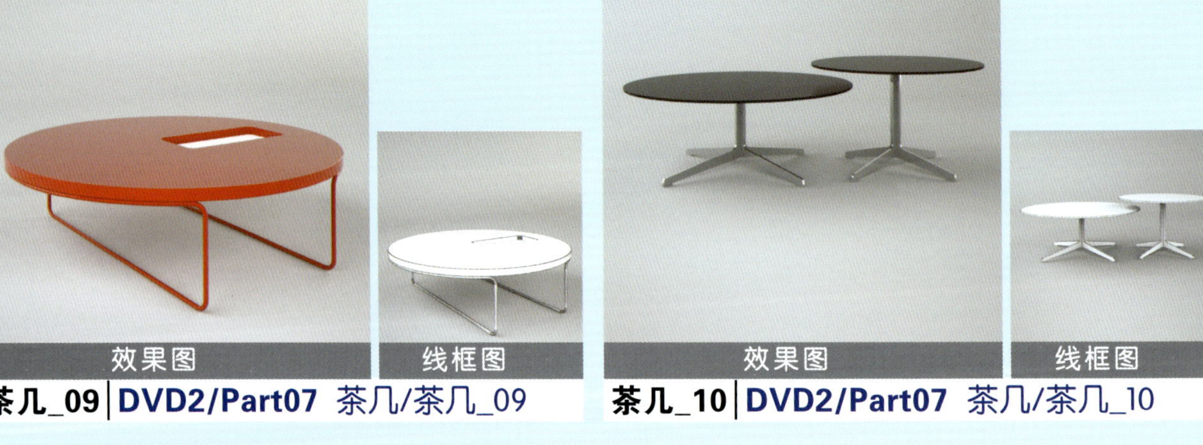

效果图 线框图

茶几_09 | **DVD2/Part07** 茶几/茶几_09

效果图 线框图

茶几_10 | **DVD2/Part07** 茶几/茶几_10

效果图 线框图

茶几_11 | **DVD2/Part07** 茶几/茶几_11

效果图 线框图

茶几_12 | **DVD2/Part07** 茶几/茶几_12

效果图 线框图

茶几_13 | **DVD2/Part07** 茶几/茶几_13

效果图 线框图

茶几_14 | **DVD2/Part07** 茶几/茶几_14

效果图 线框图

茶几_15 | **DVD2/Part07** 茶几/茶几_15

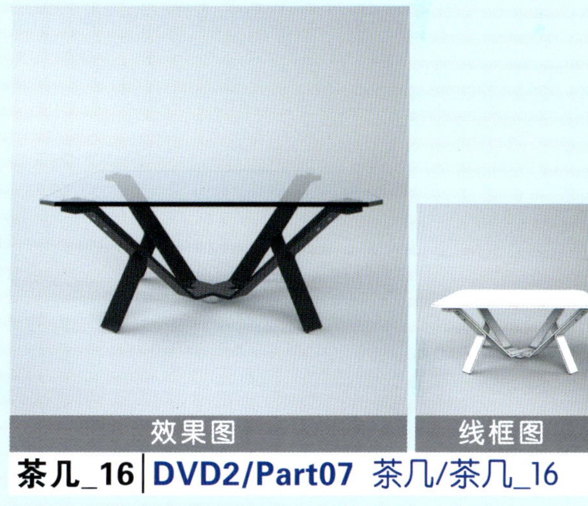

效果图 线框图

茶几_16 | **DVD2/Part07** 茶几/茶几_16

效果图 线框图

茶几_17 | **DVD2/Part07** 茶几/茶几_17

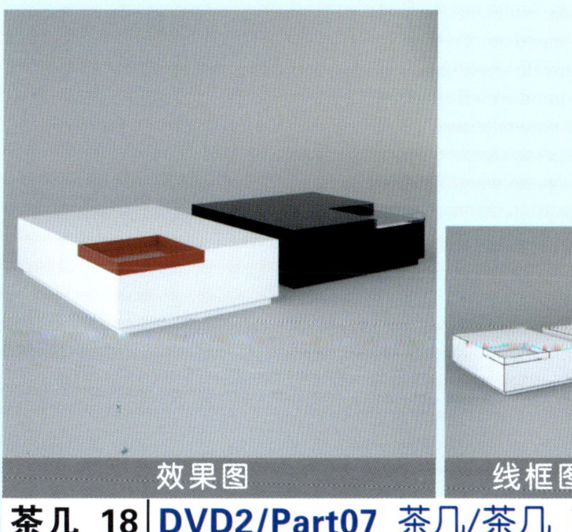

效果图 线框图

茶几_18 | **DVD2/Part07** 茶几/茶几_18

茶几_19 | DVD2/Part07 茶几/茶几_19

茶几_20 | DVD2/Part07 茶几/茶几_20

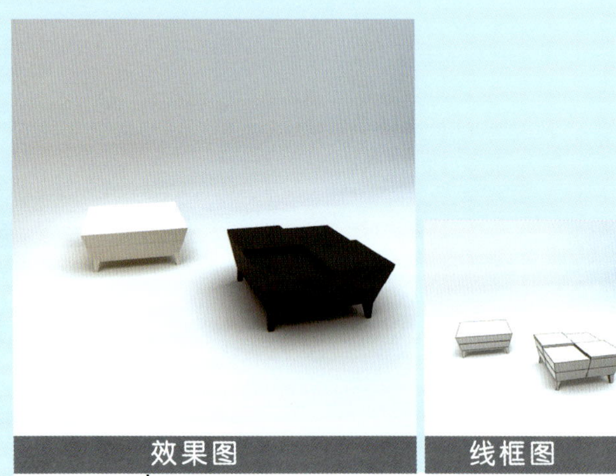

茶几_21 | DVD2/Part07 茶几/茶几_21

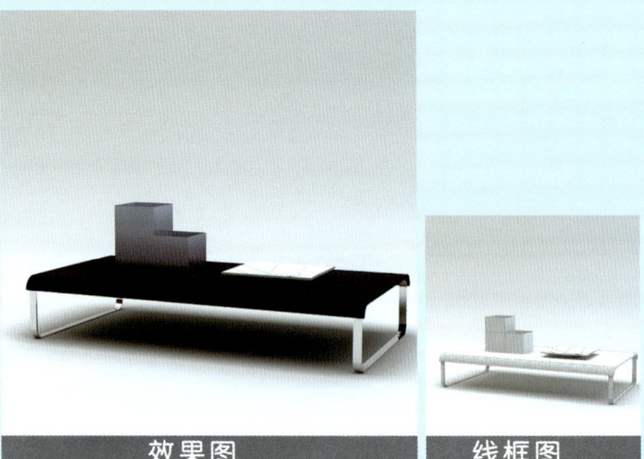

茶几_22 | DVD2/Part07 茶几/茶几_22

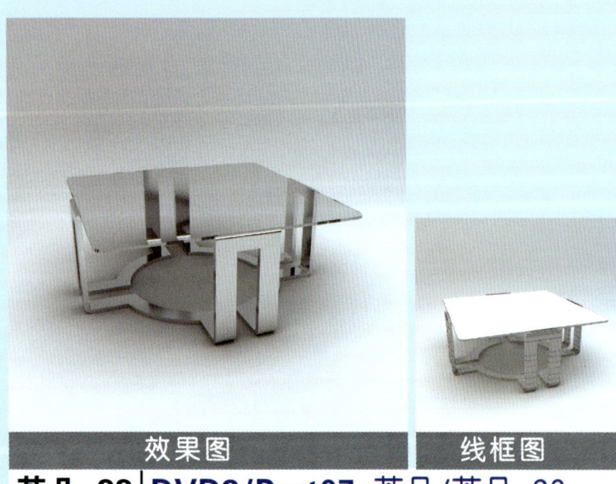

茶几_23 | DVD2/Part07 茶几/茶几_23

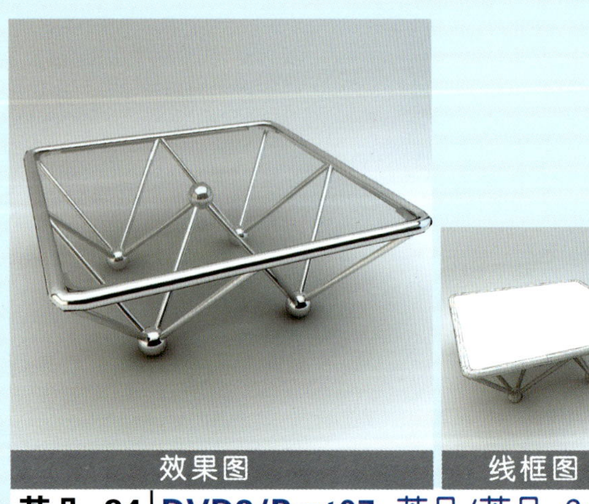

茶几_24 | DVD2/Part07 茶几/茶几_24

效果图

线框图

茶几_25 | **DVD2/Part07** 茶几/茶几_25

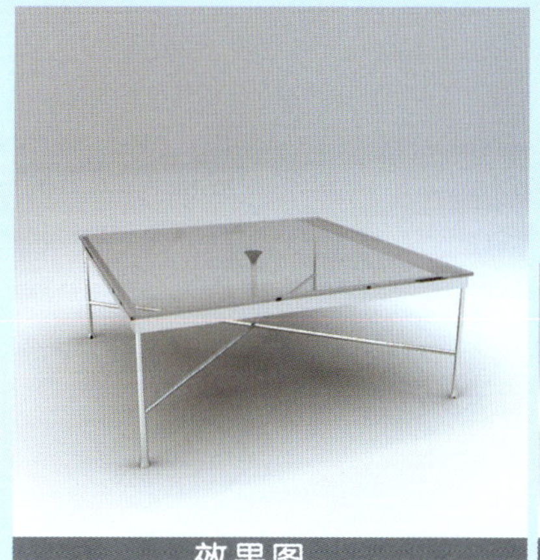
效果图

线框图

茶几_26 | **DVD2/Part07** 茶几/茶几_26

效果图

线框图

茶几_27 | **DVD2/Part07** 茶几/茶几_27

效果图

线框图

茶几_28 | **DVD2/Part07** 茶几/茶几_28

效果图

线框图

茶几_29 | **DVD2/Part07** 茶几/茶几_29

效果图

线框图

茶几_30 | **DVD2/Part07** 茶几/茶几_30

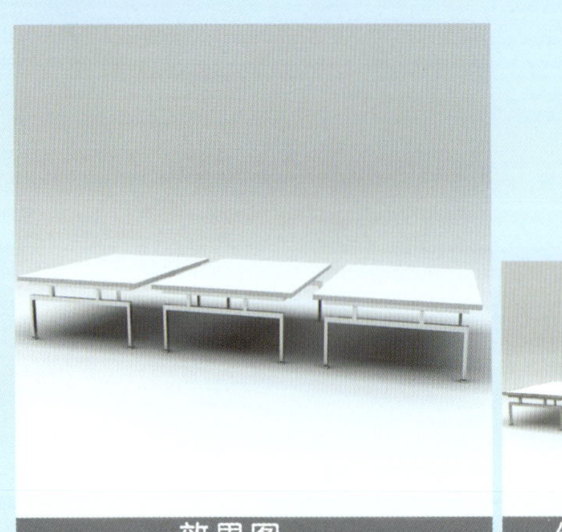

效果图 线框图

茶几_31 | **DVD2/Part07** 茶几/茶几_31

效果图 线框图

茶几_32 | **DVD2/Part07** 茶几/茶几_32

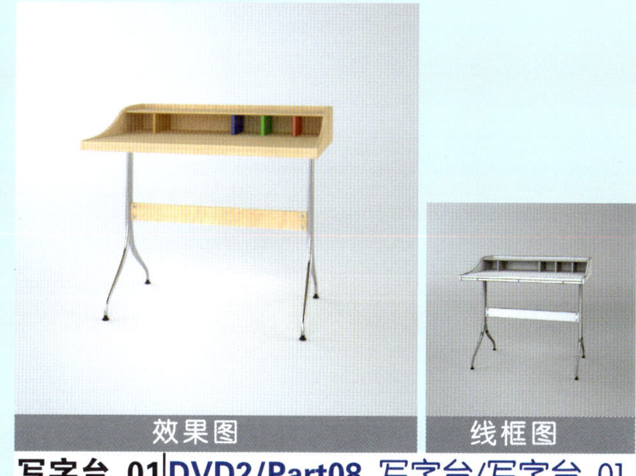
效果图 线框图

写字台_01|DVD2/Part08 写字台/写字台_01

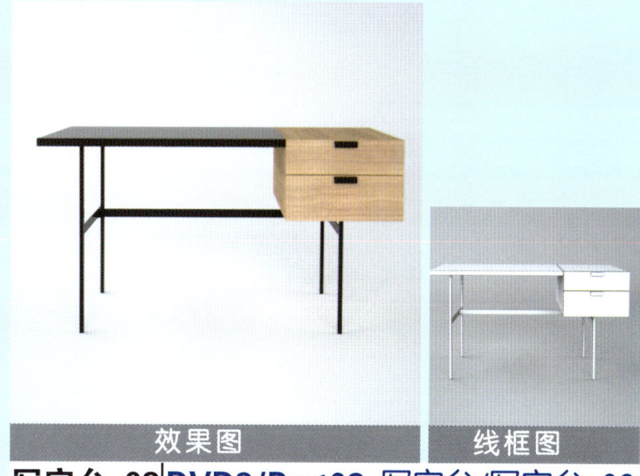
效果图 线框图

写字台_02|DVD2/Part08 写字台/写字台_02

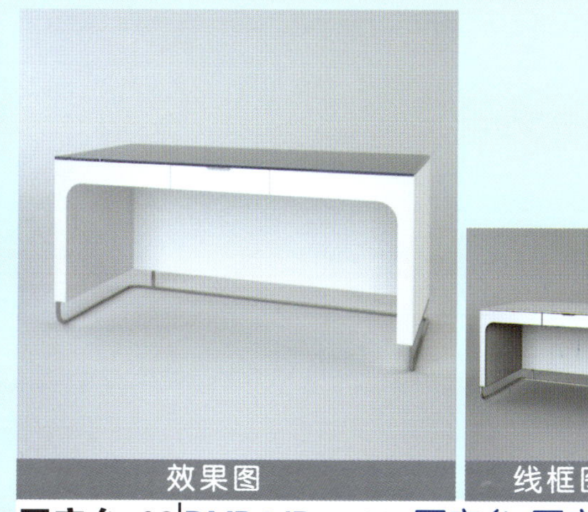
效果图 线框图

写字台_03|DVD2/Part08 写字台/写字台_03

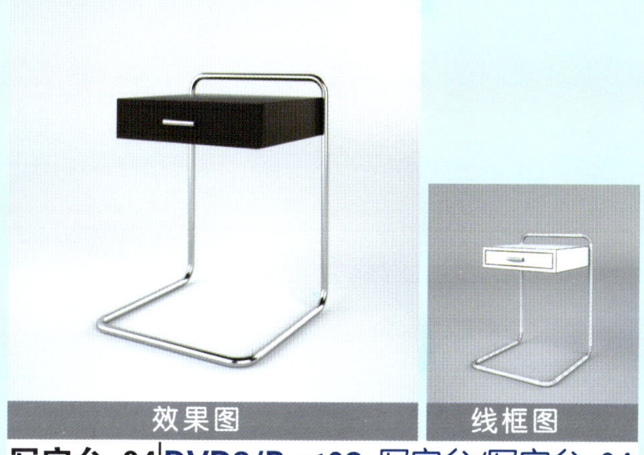
效果图 线框图

写字台_04|DVD2/Part08 写字台/写字台_04

效果图 线框图

写字台_05|DVD2/Part08 写字台/写字台_05

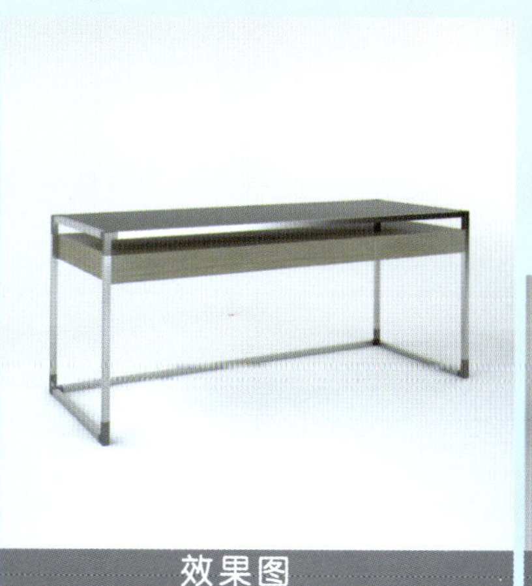
效果图 线框图

写字台_06|DVD2/Part08 写字台/写字台_06

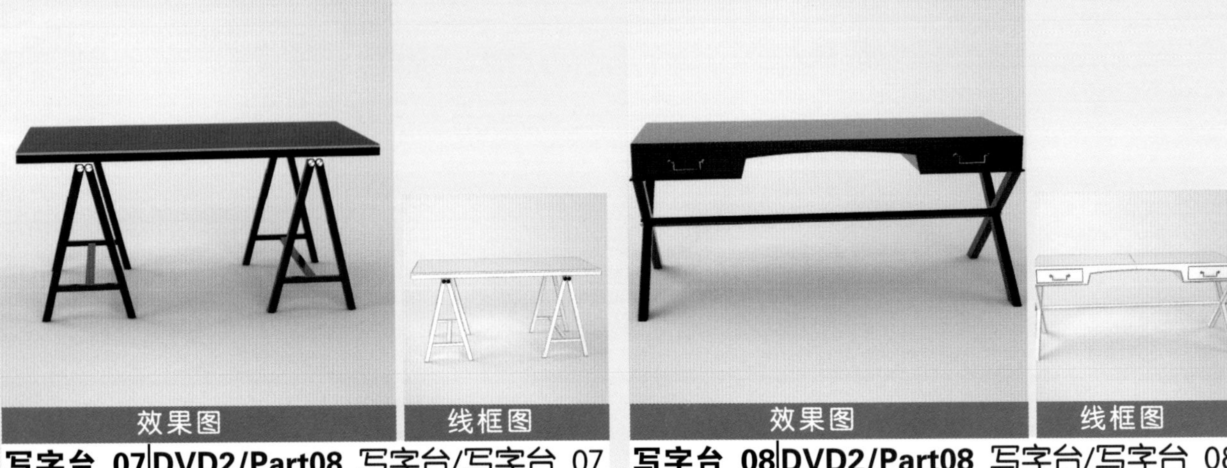

写字台_07|**DVD2/Part08** 写字台/写字台_07

写字台_08|**DVD2/Part08** 写字台/写字台_08

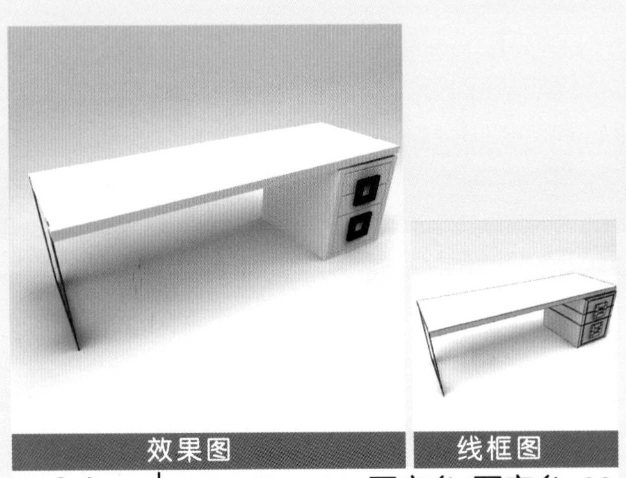

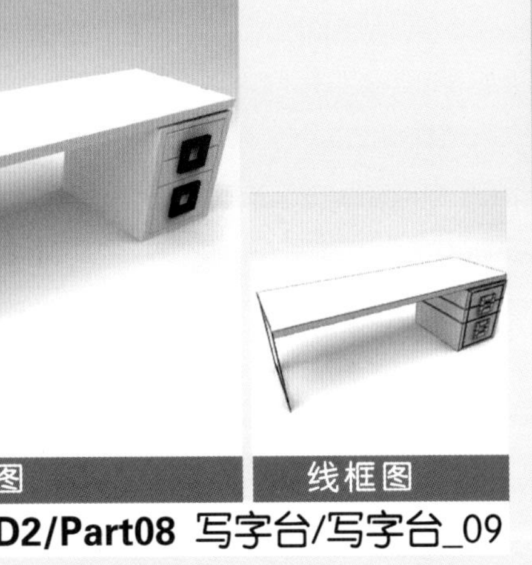

效果图 线框图

写字台_09|**DVD2/Part08** 写字台/写字台_09

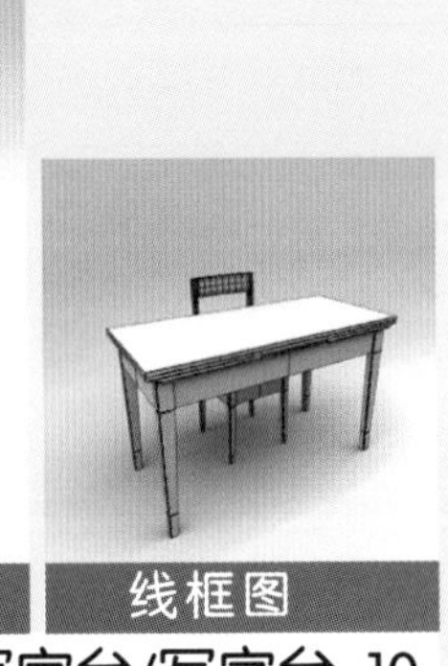

效果图 线框图

写字台_10|**DVD2/Part08** 写字台/写字台_10

效果图 线框图

储物架_01 | DVD2/Part09 储物架/储物架_01

效果图 线框图

储物架_02 | DVD2/Part09 储物架/储物架_02

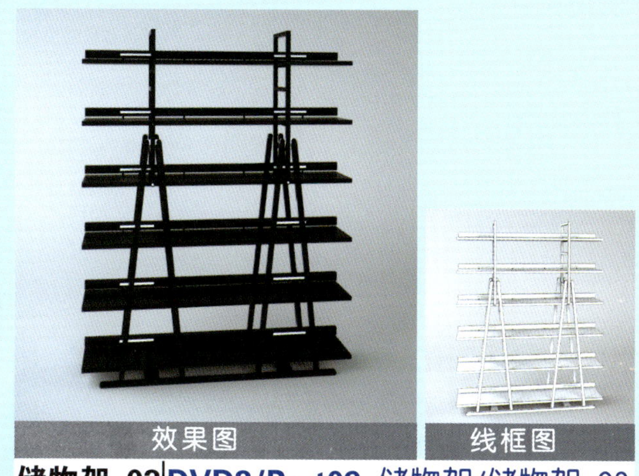

效果图 线框图

储物架_03 | DVD2/Part09 储物架/储物架_03

效果图 线框图

储物架_04 | DVD2/Part09 储物架/储物架_04

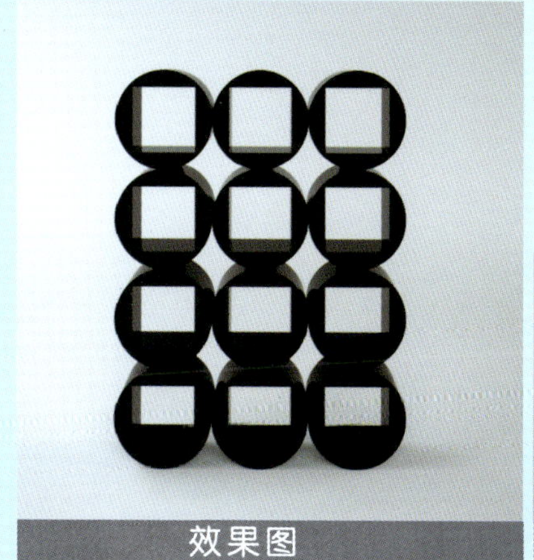

效果图 线框图

储物架_05 | DVD2/Part09 储物架/储物架_05

效果图 线框图

储物架_06 | DVD2/Part09 储物架/储物架_06

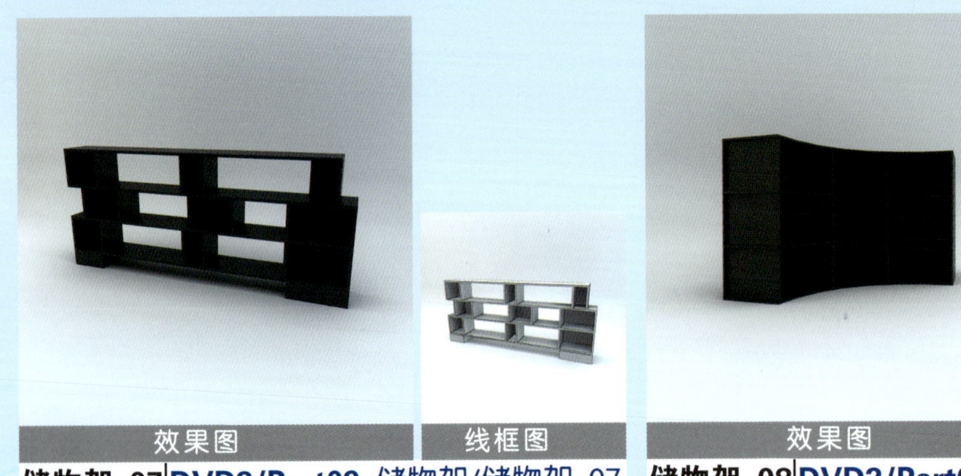

效果图 线框图

储物架_07 DVD2/Part09 储物架/储物架_07

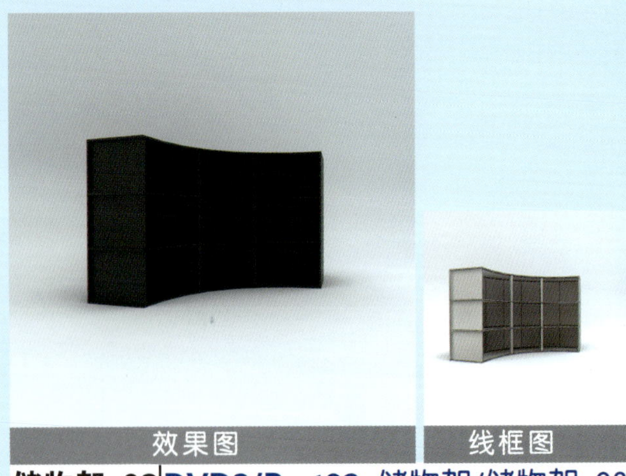

效果图 线框图

储物架_08 DVD2/Part09 储物架/储物架_08

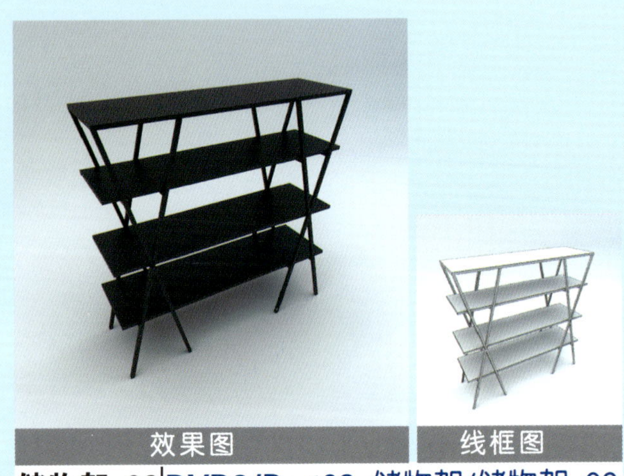

效果图 线框图

储物架_09 DVD2/Part09 储物架/储物架_09

效果图 线框图

床_01 | **DVD2/Part10** 床/床_01

效果图 线框图

床_02 | **DVD2/Part10** 床/床_02

效果图 线框图

床_03 | **DVD2/Part10** 床/床_03

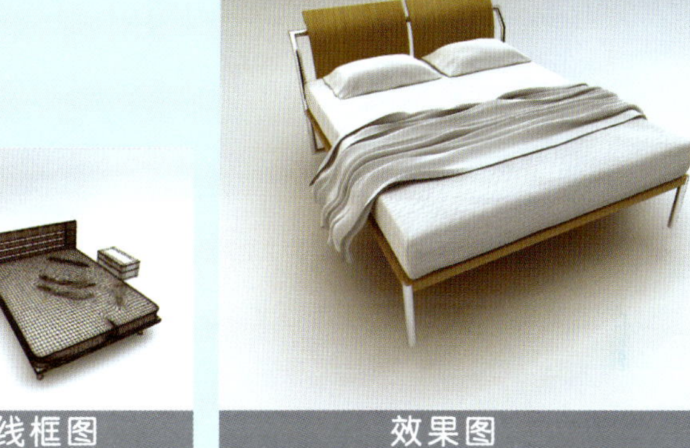

效果图 线框图

床_04 | **DVD2/Part10** 床/床_04

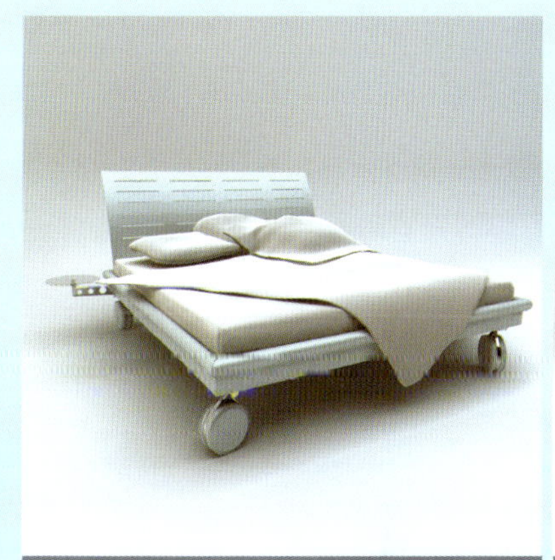

效果图 线框图

床_05 | **DVD2/Part10** 床/床_05

效果图 线框图

床_06 | **DVD2/Part10** 床/床_06

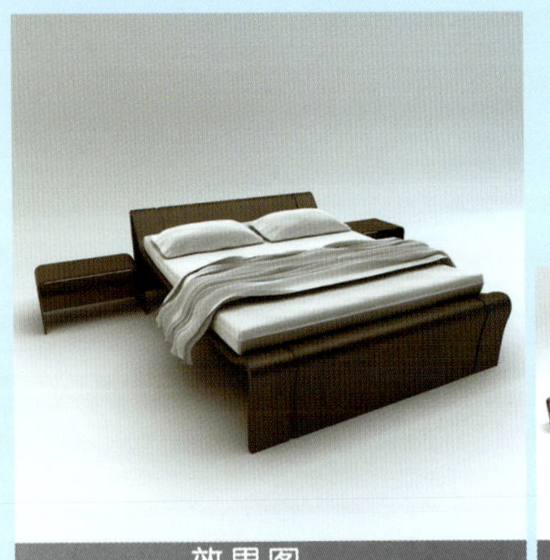

效果图 线框图

床_07 | **DVD2/Part10** 床/床_07

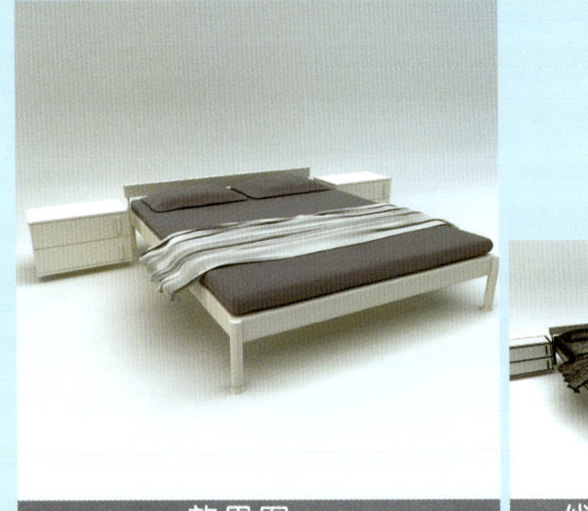

效果图 线框图

床_08 | **DVD2/Part10** 床/床_08

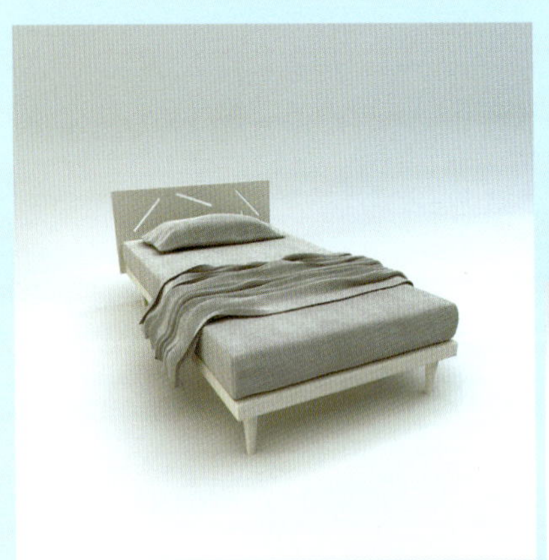

效果图 线框图

床_09 | **DVD2/Part10** 床/床_09

效果图 线框图

床_10 | **DVD2/Part10** 床/床_10

效果图 线框图

床_11 | **DVD2/Part10** 床/床_11

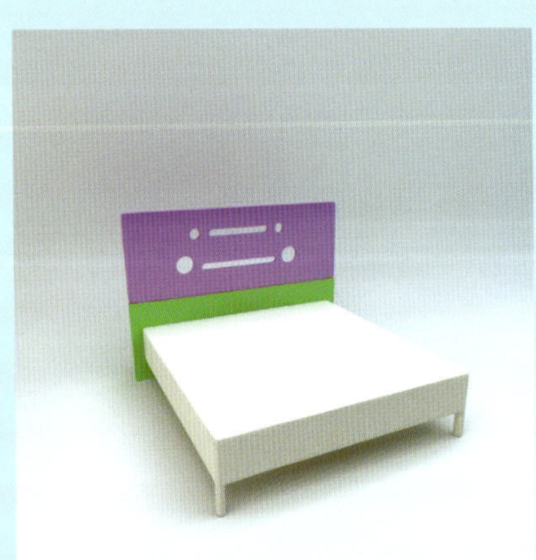

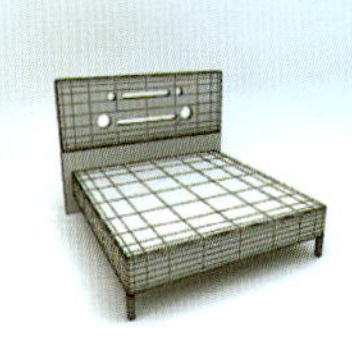

效果图 线框图

床_12 | **DVD2/Part10** 床/床_12

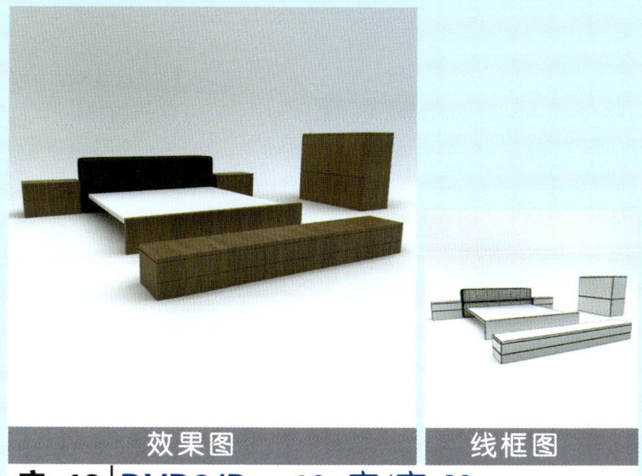

效果图 线框图

床_13 | **DVD2/Part10** 床/床_13

效果图 线框图

床_14 | **DVD2/Part10** 床/床_14

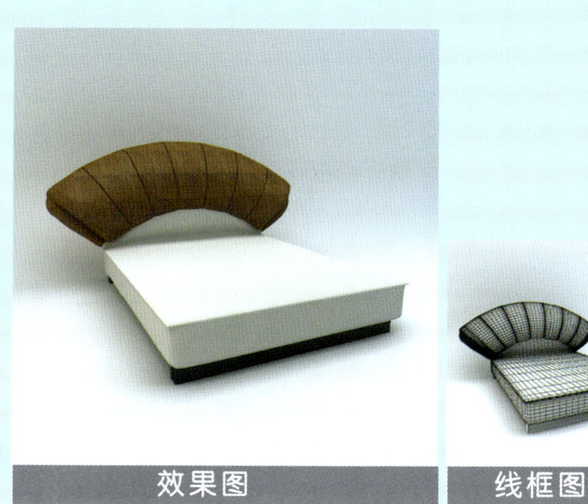

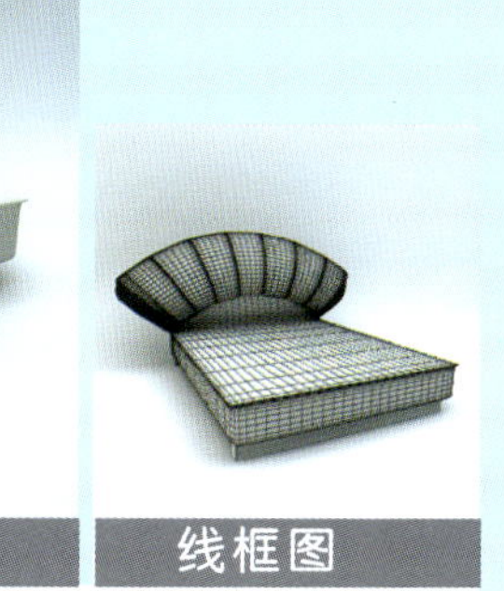

效果图 线框图

床_15 | **DVD2/Part10** 床/床_15

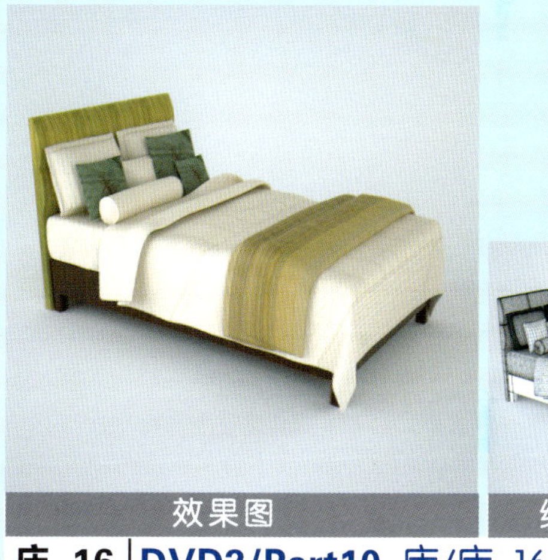

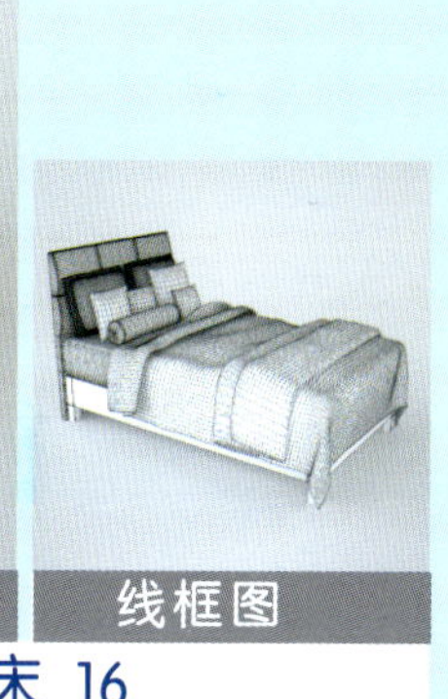

效果图 线框图

床_16 | **DVD2/Part10** 床/床_16

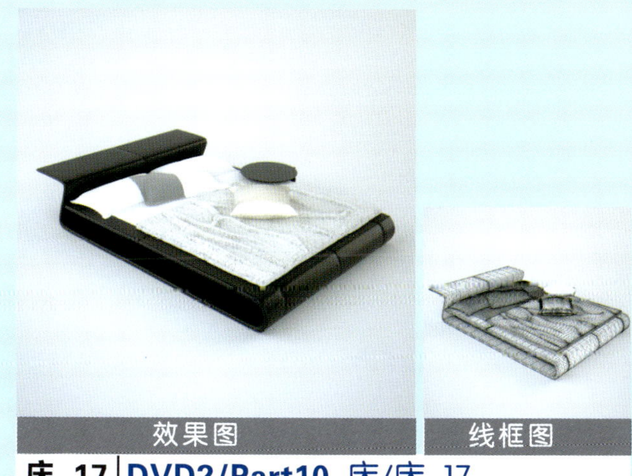

效果图 线框图

床_17 | **DVD2/Part10** 床/床_17

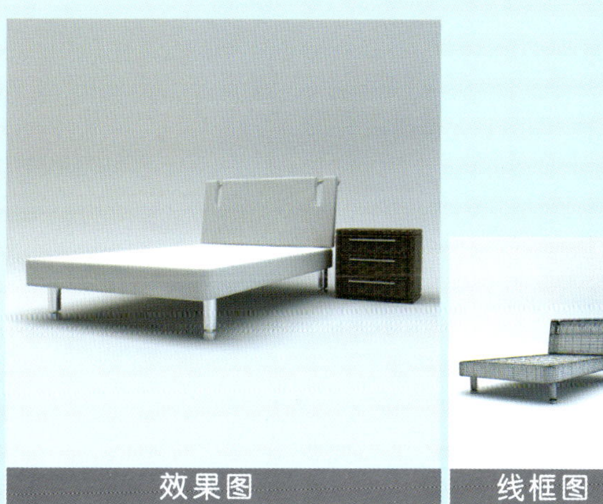

效果图 线框图

床_18 | **DVD2/Part10** 床/床_18

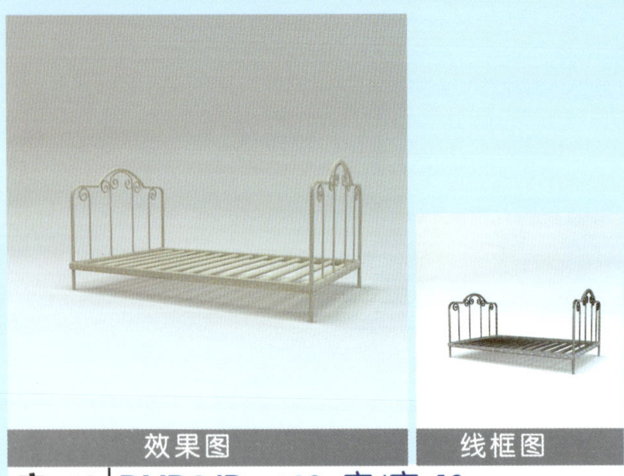

床_19 | DVD2/Part10 床/床_19

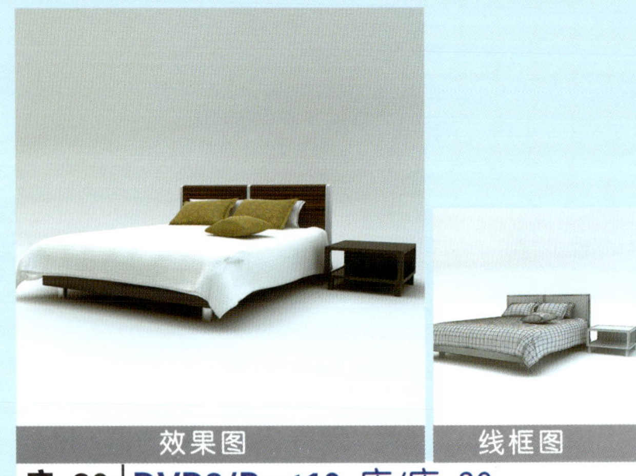

床_20 | DVD2/Part10 床/床_20

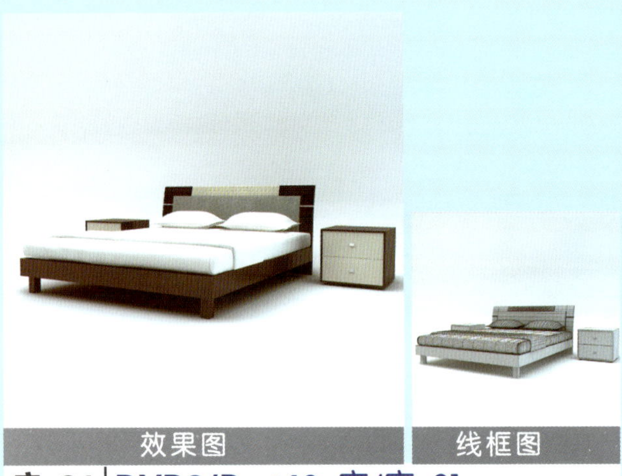

床_21 | DVD2/Part10 床/床_21

效果图 线框图

柜子_01 | DVD2/Part11 柜子/柜子_01

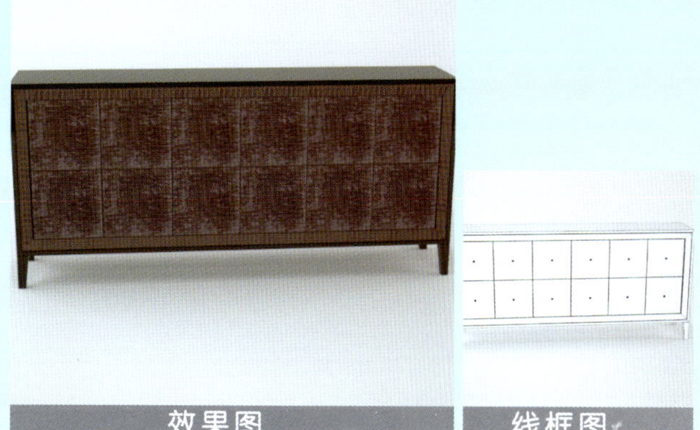

效果图 线框图

柜子_02 | DVD2/Part11 柜子/柜子_02

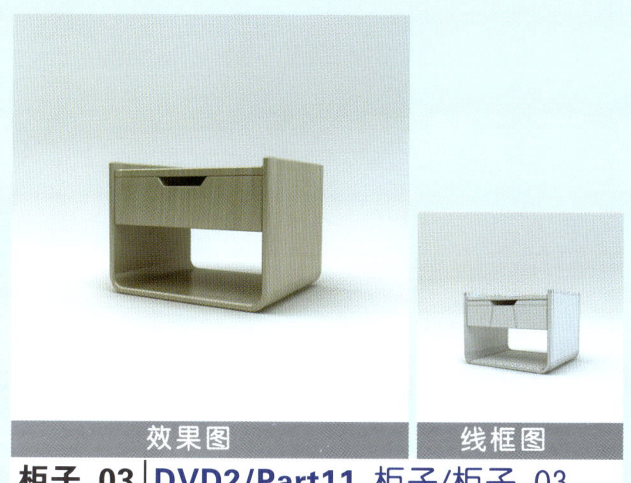

效果图 线框图

柜子_03 | DVD2/Part11 柜子/柜子_03

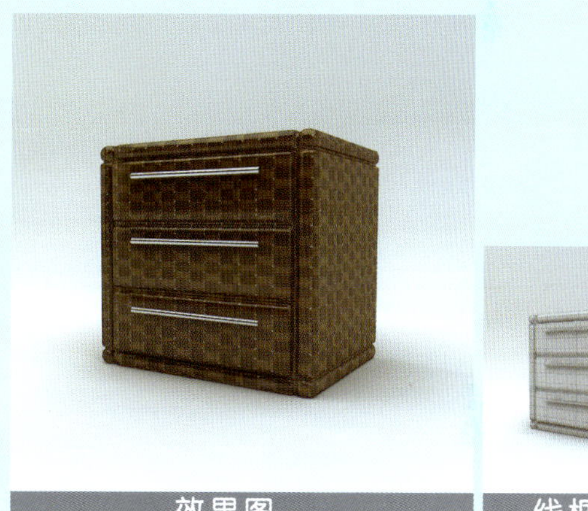

效果图 线框图

柜子_04 | DVD2/Part11 柜子/柜子_04

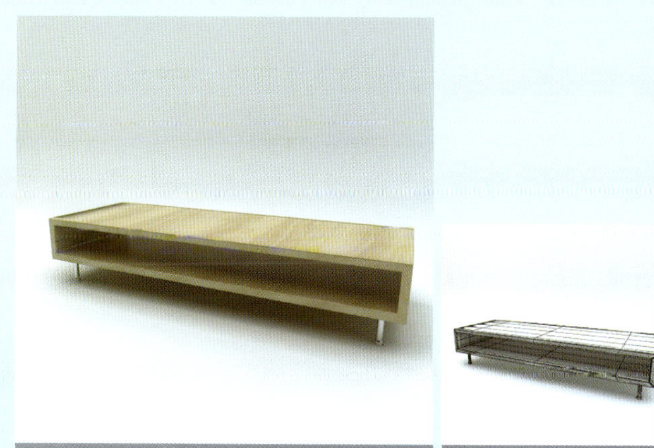

效果图 线框图

柜子_05 | DVD2/Part11 柜子/柜子_05

效果图 线框图

柜子_06 | DVD2/Part11 柜子/柜子_06

Part 12 壁灯

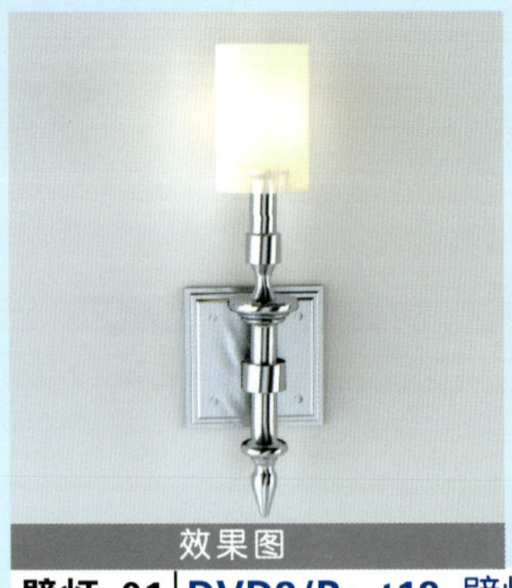
效果图

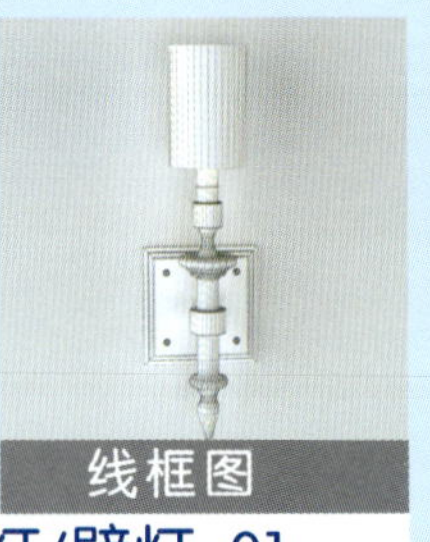
线框图

壁灯_01 | **DVD2/Part12** 壁灯/壁灯_01

效果图

线框图

壁灯_02 | **DVD2/Part12** 壁灯/壁灯_02

效果图

线框图

壁灯_03 | **DVD2/Part12** 壁灯/壁灯_03

效果图

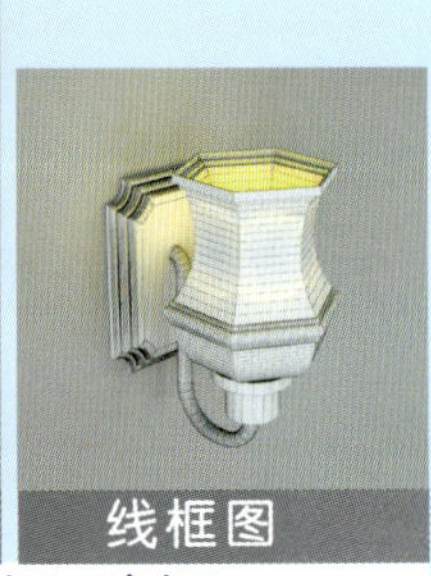
线框图

壁灯_04 | **DVD2/Part12** 壁灯/壁灯_04

效果图

线框图

壁灯_05 | **DVD2/Part12** 壁灯/壁灯_05

效果图

线框图

台灯_01 | DVD2/Part13 台灯/台灯_01

效果图

线框图

台灯_02 | DVD2/Part13 台灯/台灯_02

效果图

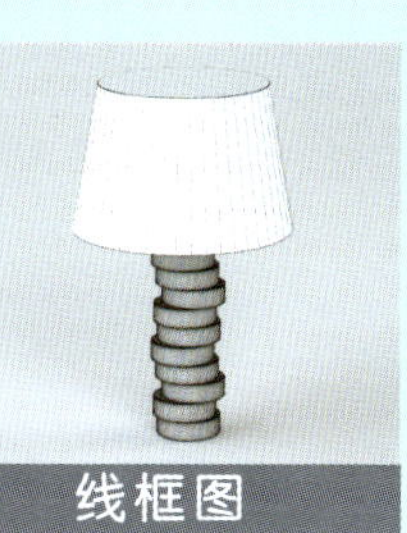
线框图

台灯_03 | DVD2/Part13 台灯/台灯_03

效果图

线框图

台灯_04 | DVD2/Part13 台灯/台灯_04

效果图

线框图

台灯_05 | DVD2/Part13 台灯/台灯_05

效果图

线框图

台灯_06 | DVD2/Part13 台灯/台灯_06

Part 13 台灯

台灯_07 | **DVD2/Part13** 台灯/台灯_07

台灯_08 | **DVD2/Part13** 台灯/台灯_08

台灯_09 | **DVD2/Part13** 台灯/台灯_09

台灯_10 | **DVD2/Part13** 台灯/台灯_10

台灯_11 | **DVD2/Part13** 台灯/台灯_11

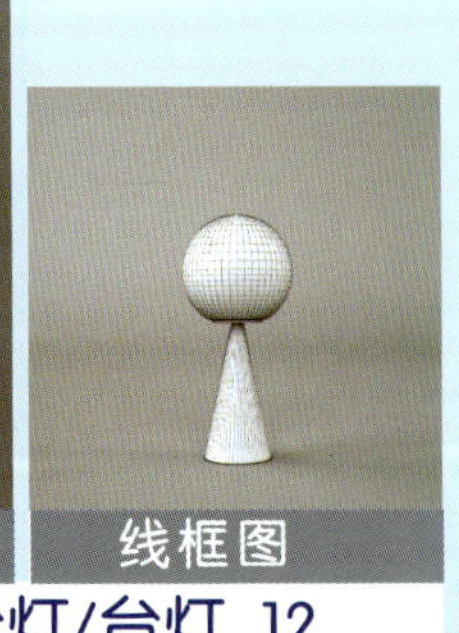

台灯_12 | **DVD2/Part13** 台灯/台灯_12

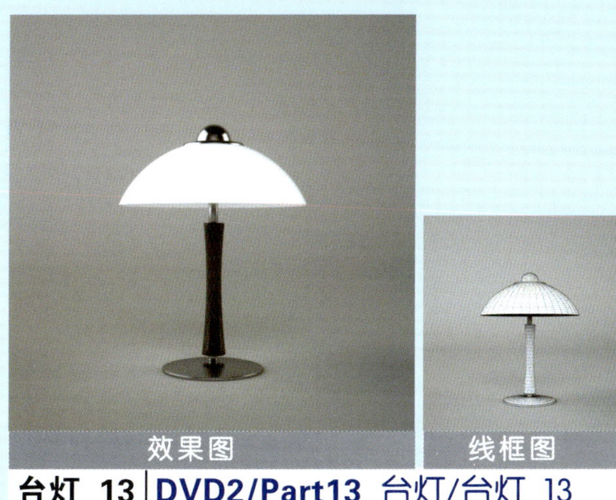

效果图

线框图

台灯_13 | DVD2/Part13 台灯/台灯_13

效果图

线框图

台灯_14 | DVD2/Part13 台灯/台灯_14

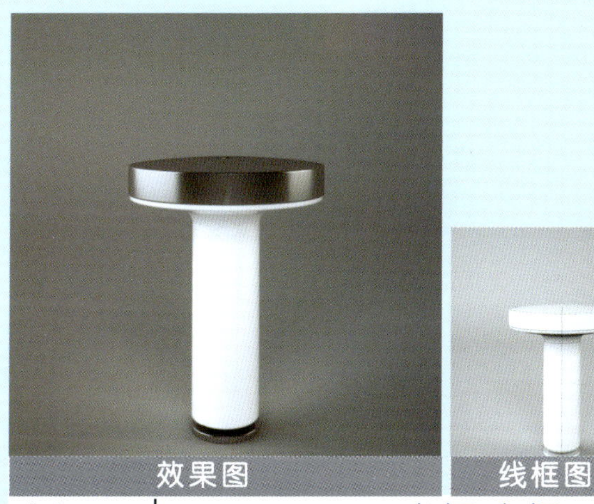

效果图

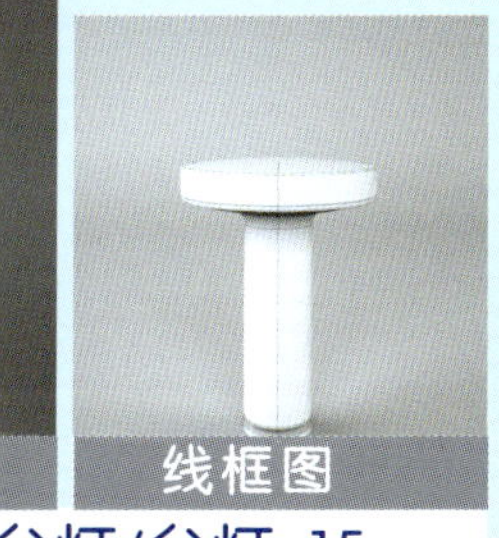

线框图

台灯_15 | DVD2/Part13 台灯/台灯_15

效果图

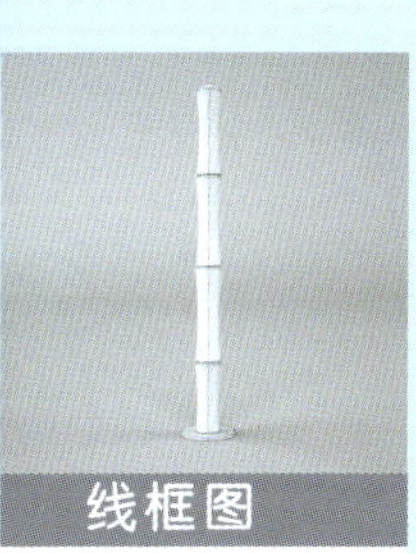

线框图

台灯_16 | DVD2/Part13 台灯/台灯_16

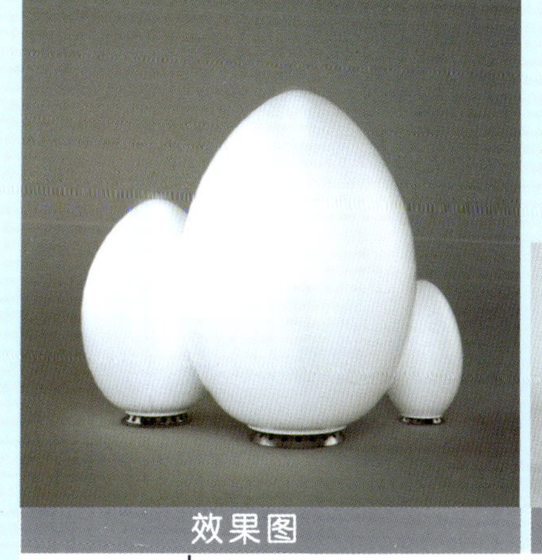

效果图

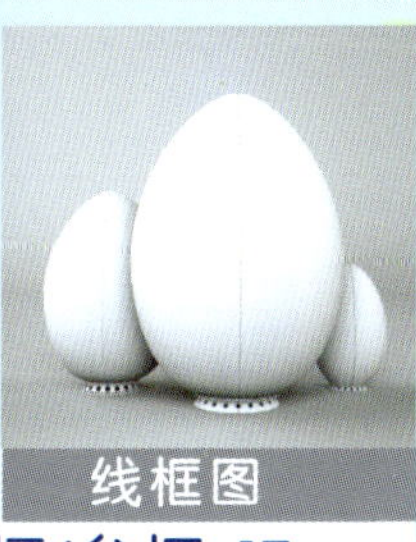

线框图

台灯_17 | DVD2/Part13 台灯/台灯_17

效果图

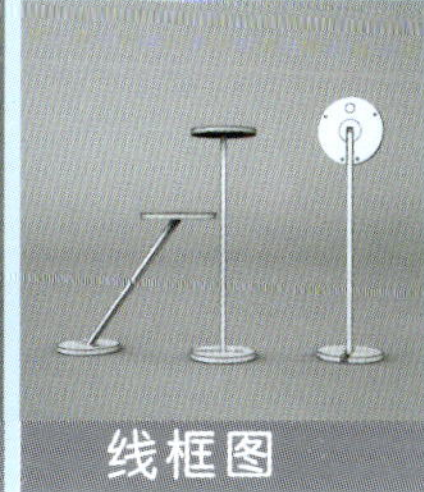

线框图

台灯_18 | DVD2/Part13 台灯/台灯_18

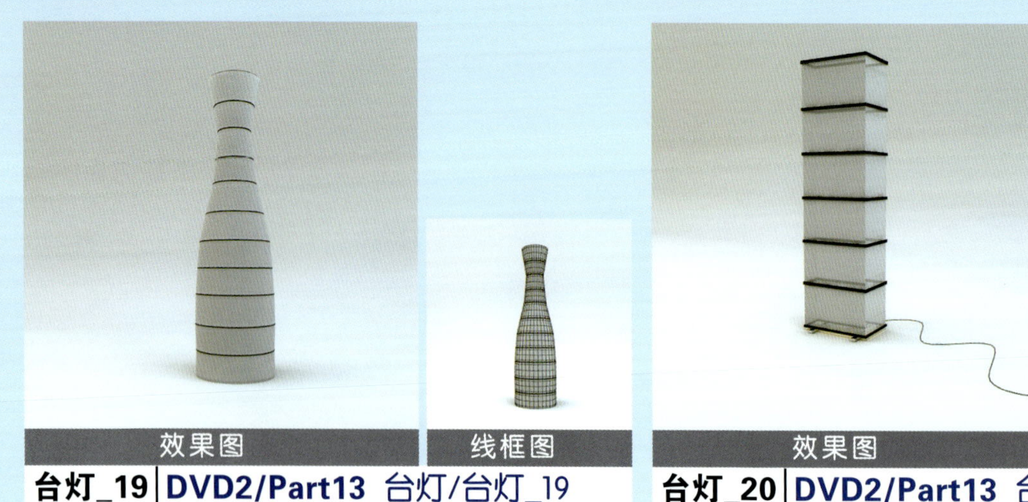

台灯_19 | DVD2/Part13 台灯/台灯_19

台灯_20 | DVD2/Part13 台灯/台灯_20

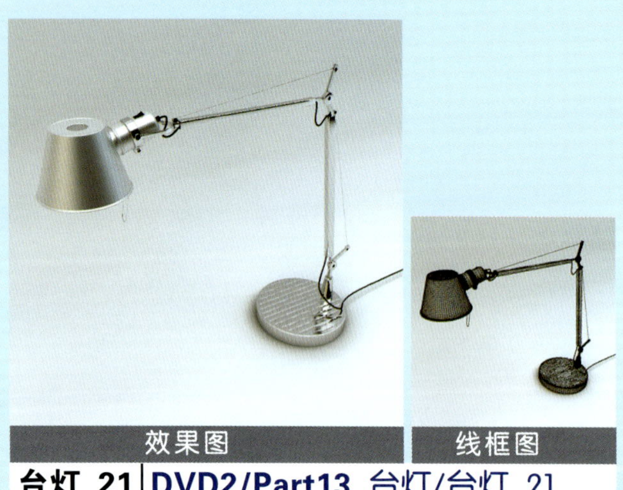

台灯_21 | DVD2/Part13 台灯/台灯_21

效果图

线框图

吊灯_01 | **DVD2/Part14** 吊灯/吊灯_01

效果图

线框图

吊灯_02 | **DVD2/Part14** 吊灯/吊灯_02

效果图

线框图

吊灯_03 | **DVD2/Part14** 吊灯/吊灯_03

效果图

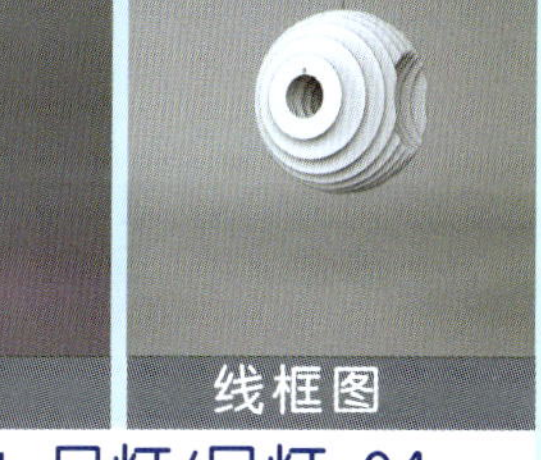

线框图

吊灯_04 | **DVD2/Part14** 吊灯/吊灯_04

效果图

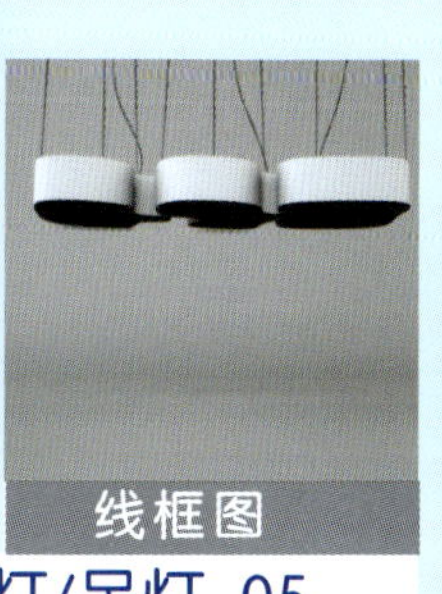

线框图

吊灯_05 | **DVD2/Part14** 吊灯/吊灯_05

效果图

线框图

吊灯_06 | **DVD2/Part14** 吊灯/吊灯_06

效果图

线框图
吊灯_07 | DVD2/Part14 吊灯/吊灯_07

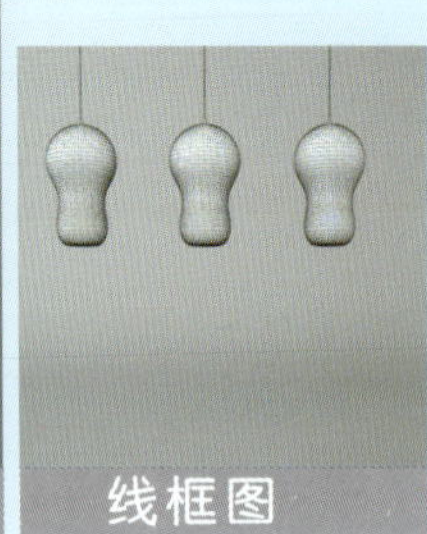
效果图
线框图
吊灯_08 | DVD2/Part14 吊灯/吊灯_08

效果图

线框图
吊灯_09 | DVD2/Part14 吊灯/吊灯_09

效果图
线框图
吊灯_10 | DVD2/Part14 吊灯/吊灯_10

效果图

线框图
吊灯_11 | DVD2/Part14 吊灯/吊灯_11

效果图

线框图
吊灯_12 | DVD2/Part14 吊灯/吊灯_12

效果图

线框图

吊灯_13 | **DVD2/Part14** 吊灯/吊灯_13

效果图　线框图

吊灯_14 | **DVD2/Part14** 吊灯/吊灯_14

效果图

线框图

吊灯_15 | **DVD2/Part14** 吊灯/吊灯_15

效果图

线框图

吊灯_16 | **DVD2/Part14** 吊灯/吊灯_16

效果图

线框图

吊灯_17 | **DVD2/Part14** 吊灯/吊灯_17

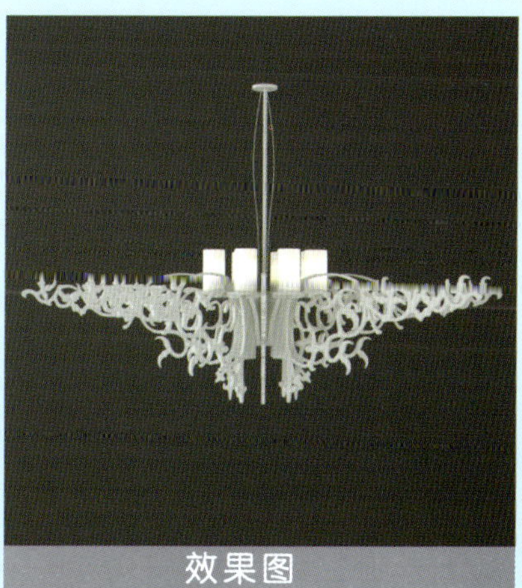
效果图

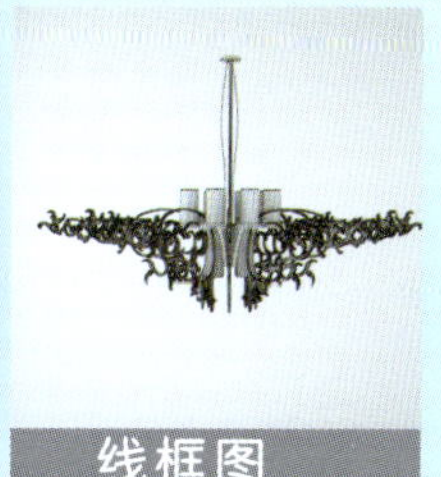
线框图

吊灯_18 | **DVD2/Part14** 吊灯/吊灯_18

效果图

线框图

吊灯_19 | **DVD2/Part14** 吊灯/吊灯_19

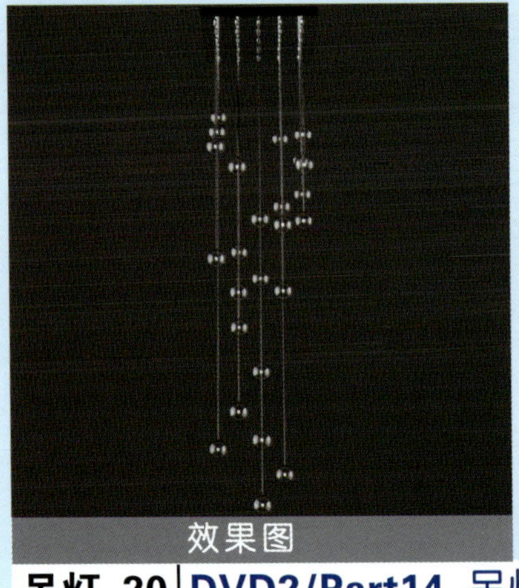
效果图

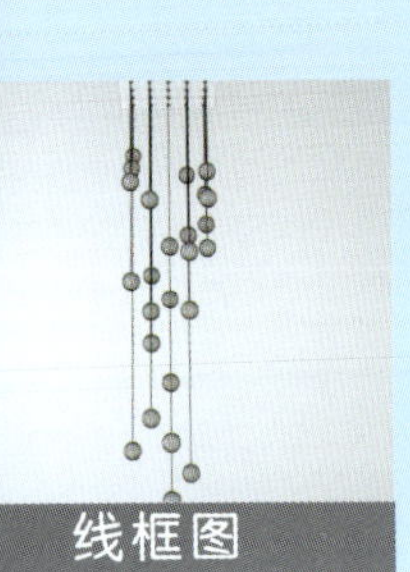
线框图

吊灯_20 | **DVD2/Part14** 吊灯/吊灯_20

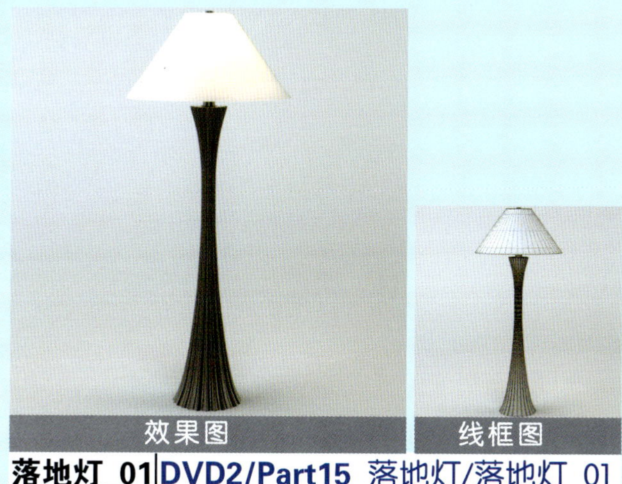

效果图 线框图

落地灯_01 | DVD2/Part15 落地灯/落地灯_01

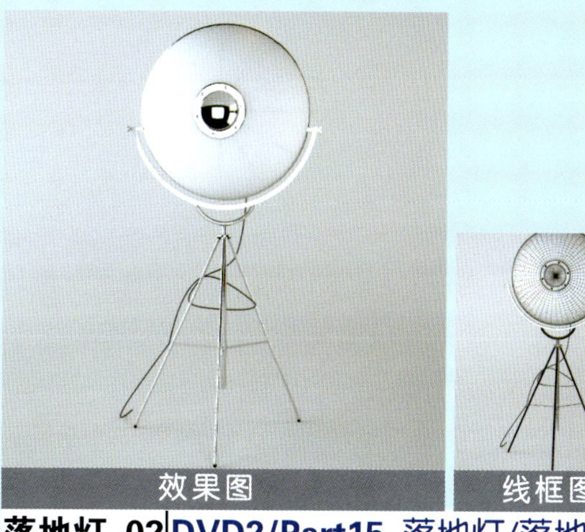

效果图 线框图

落地灯_02 | DVD2/Part15 落地灯/落地灯_02

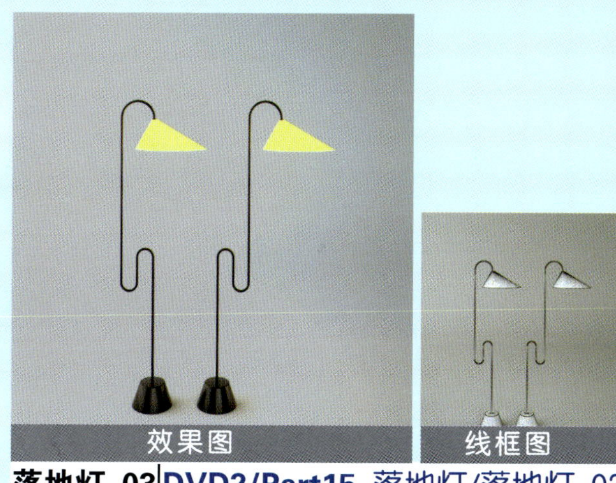

效果图 线框图

落地灯_03 | DVD2/Part15 落地灯/落地灯_03

效果图 线框图

落地灯_04 | DVD2/Part15 落地灯/落地灯_04

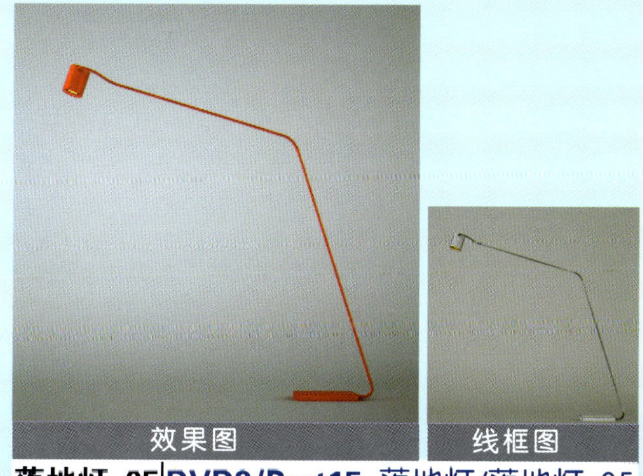

效果图 线框图

落地灯_05 | DVD2/Part15 落地灯/落地灯_05

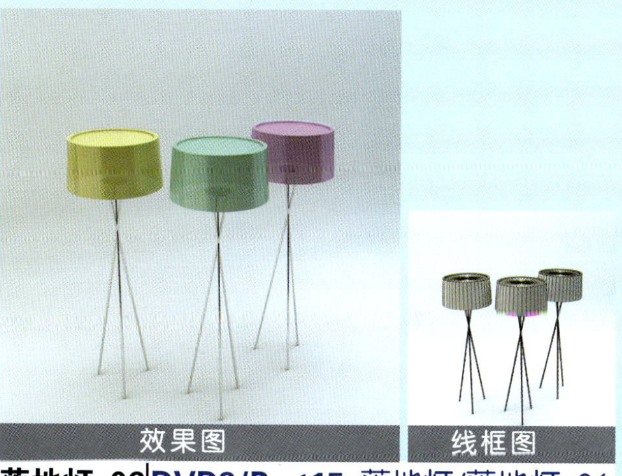

效果图 线框图

落地灯_06 | DVD2/Part15 落地灯/落地灯_06

Part 16 餐具

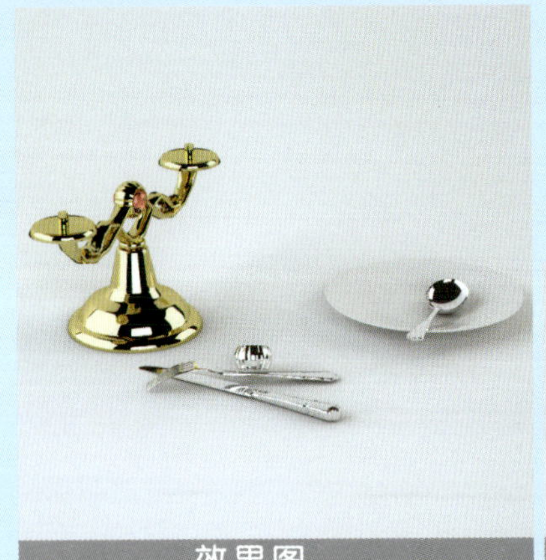

效果图

线框图

餐具_01 | DVD2/Part16 餐具/餐具_01

效果图

线框图

餐具_02 | DVD2/Part16 餐具/餐具_02

效果图

线框图

餐具_03 | DVD2/Part16 餐具/餐具_03

效果图

线框图

餐具_04 | DVD2/Part16 餐具/餐具_04

效果图

线框图

餐具_05 | DVD2/Part16 餐具/餐具_05

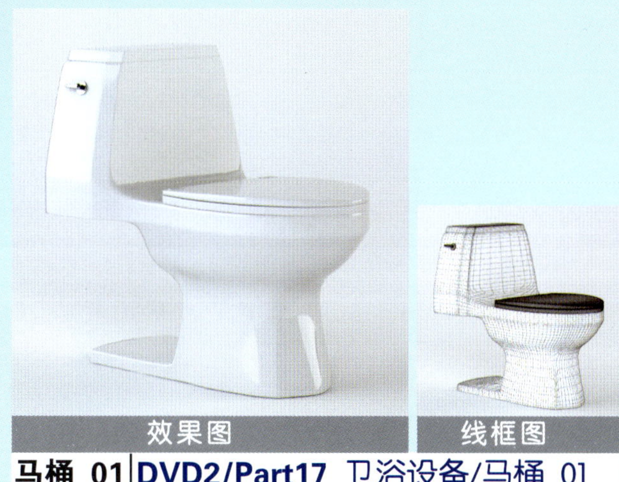

效果图 线框图

马桶_01 | **DVD2/Part17** 卫浴设备/马桶_01

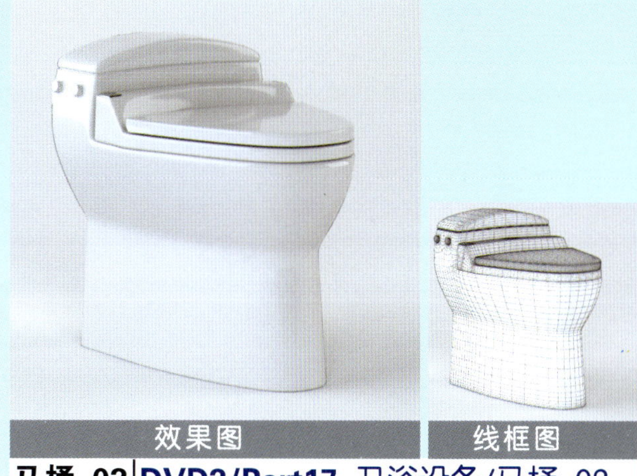

效果图 线框图

马桶_02 | **DVD2/Part17** 卫浴设备/马桶_02

效果图 线框图

马桶_03 | **DVD2/Part17** 卫浴设备/马桶_03

效果图 线框图

马桶_04 | **DVD2/Part17** 卫浴设备/马桶_04

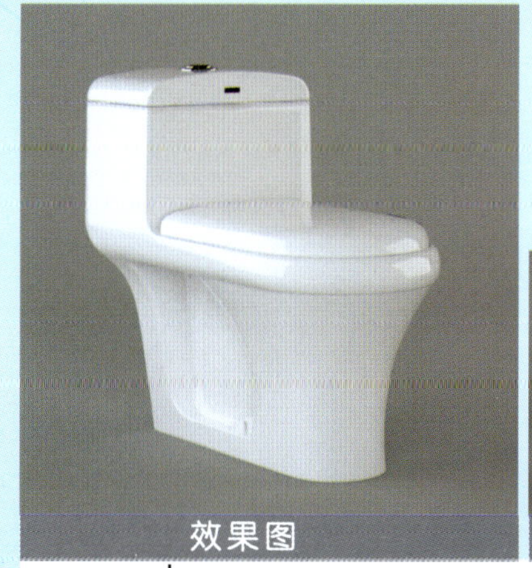

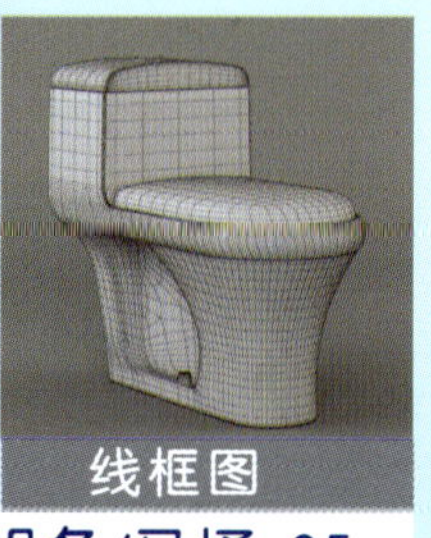

效果图 线框图

马桶_05 | **DVD2/Part17** 卫浴设备/马桶_05

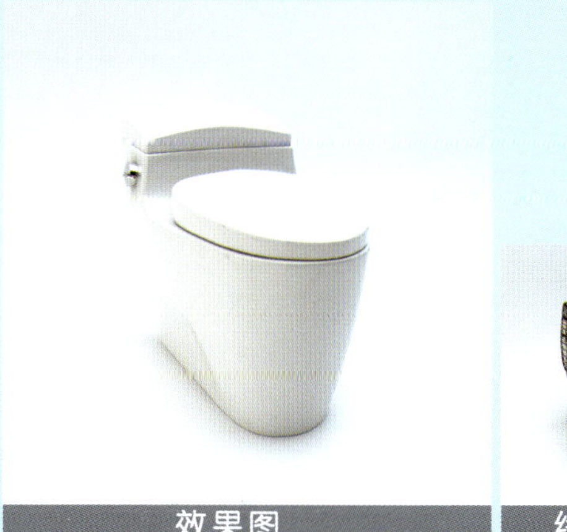

效果图 线框图

马桶_06 | **DVD2/Part17** 卫浴设备/马桶_06

效果图 线框图

马桶_07 | **DVD2/Part17** 卫浴设备/马桶_07

效果图 线框图

马桶_08 | **DVD2/Part17** 卫浴设备/马桶_08

效果图 线框图

马桶_09 | **DVD2/Part17** 卫浴设备/马桶_09

效果图 线框图

马桶_10 | **DVD2/Part17** 卫浴设备/马桶_10

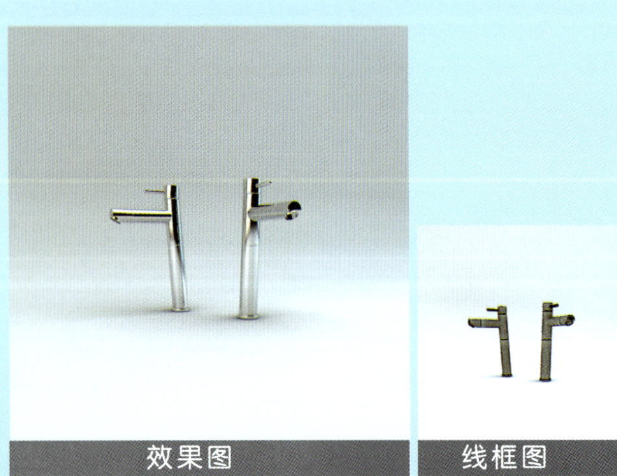

效果图 线框图

水龙头_01 | **DVD2/Part17** 卫浴设备/水龙头_01

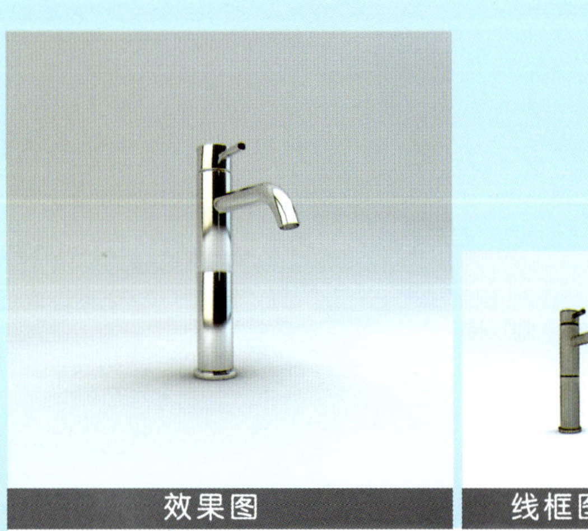

效果图 线框图

水龙头_02 | **DVD2/Part17** 卫浴设备/水龙头_02

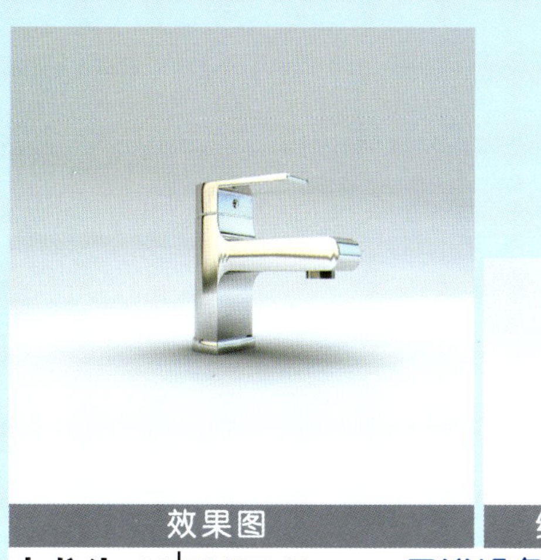
效果图

线框图

水龙头_03|**DVD2/Part17** 卫浴设备/水龙头_03

效果图

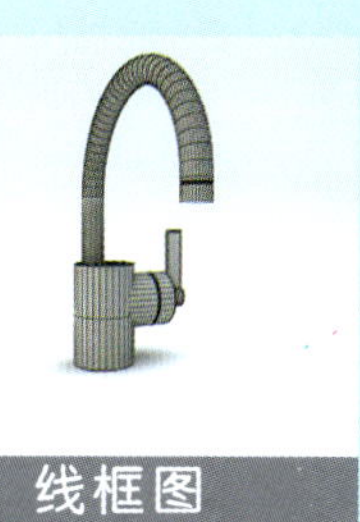
线框图

水龙头_04|**DVD2/Part17** 卫浴设备/水龙头_04

效果图

线框图

水龙头_05|**DVD2/Part17** 卫浴设备/水龙头_05

效果图

线框图

水龙头_06|**DVD2/Part17** 卫浴设备/水龙头_06

效果图

线框图

水龙头_07|**DVD2/Part17** 卫浴设备/水龙头_07

效果图

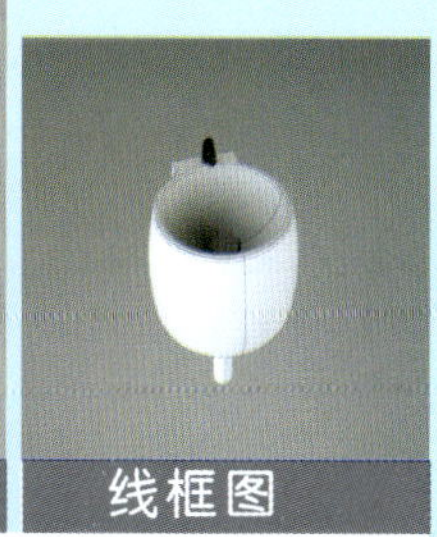
线框图

洗手盆_01|**DVD2/Part17** 卫浴设备/洗手盆_01

效果图

线框图

洗手盆_02 | **DVD2/Part17** 卫浴设备/洗手盆_02

效果图

线框图

洗手盆_03 | **DVD2/Part17** 卫浴设备/洗手盆_03

效果图

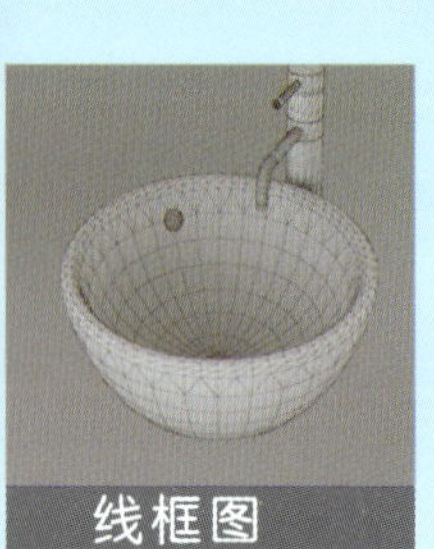

线框图

洗手盆_04 | **DVD2/Part17** 卫浴设备/洗手盆_04

效果图

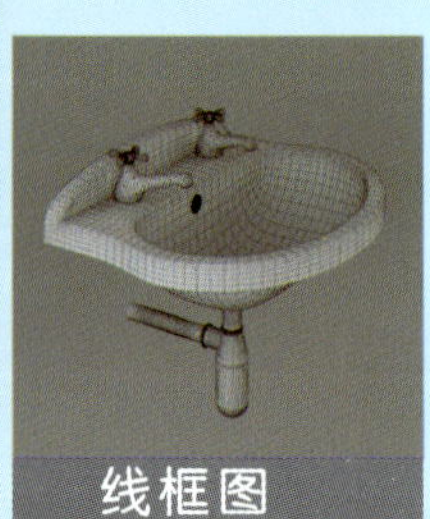

线框图

洗手盆_05 | **DVD2/Part17** 卫浴设备/洗手盆_05

效果图

线框图

洗手盆_06 | **DVD2/Part17** 卫浴设备/洗手盆_06

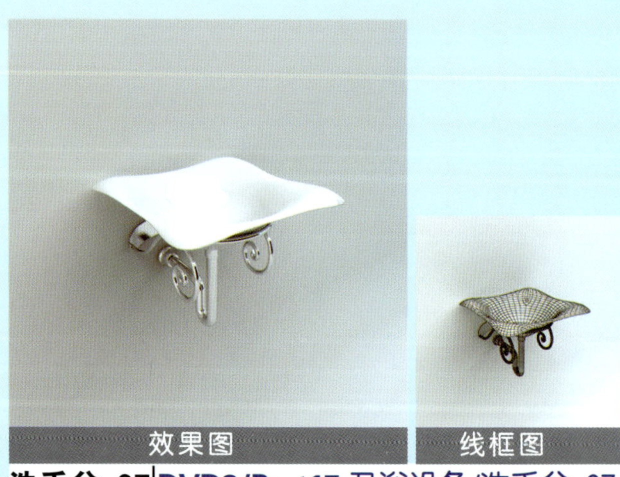

效果图

线框图

洗手盆_07 | **DVD2/Part17** 卫浴设备/洗手盆_07

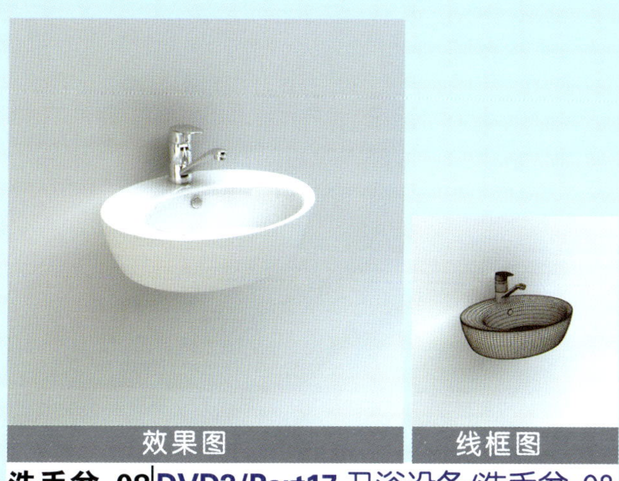

洗手盆_08 DVD2/Part17 卫浴设备/洗手盆_08

洗手盆_09 DVD2/Part17 卫浴设备/洗手盆_09

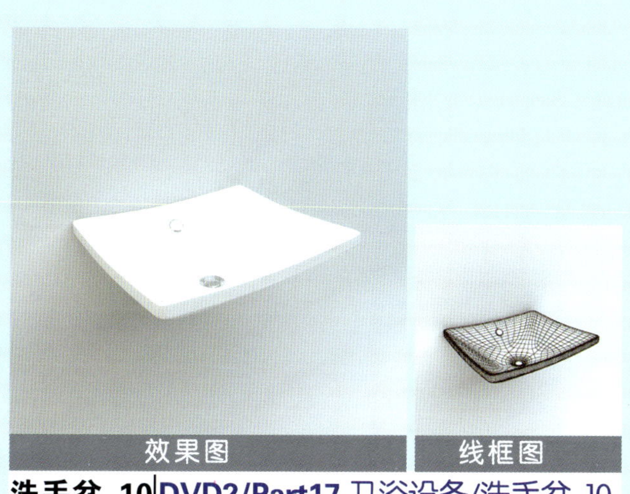

洗手盆_10 DVD2/Part17 卫浴设备/洗手盆_10

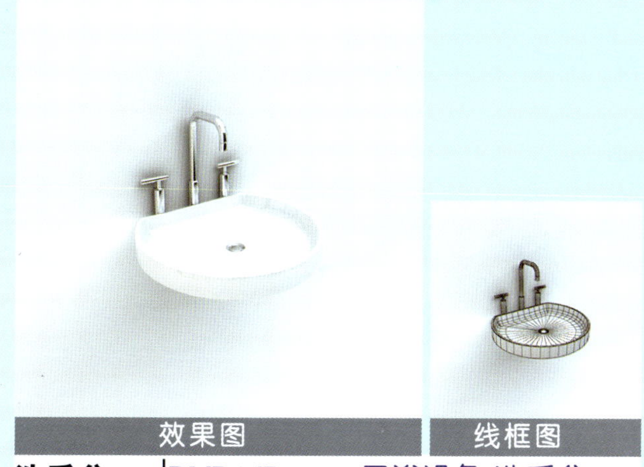

洗手盆_11 DVD2/Part17 卫浴设备/洗手盆_12

洗手盆_12 DVD2/Part17 卫浴设备/洗手盆_12

洗手盆_13 DVD2/Part17 卫浴设备/洗手盆_13

洗手盆_14 | DVD2/Part17 卫浴设备/洗手盆_14

浴缸_01 | DVD2/Part17 卫浴设备/浴缸_01

浴缸_02 | DVD2/Part17 卫浴设备/浴缸_02

浴缸_03 | DVD2/Part17 卫浴设备/浴缸_03

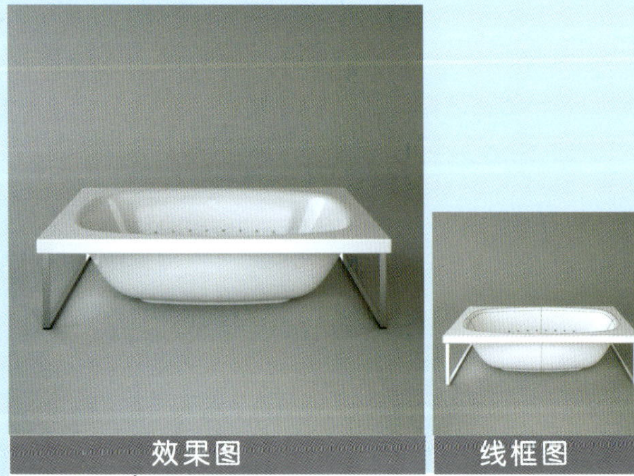

浴缸_04 | DVD2/Part17 卫浴设备/浴缸_04

浴缸_05 | DVD2/Part17 卫浴设备/浴缸_05

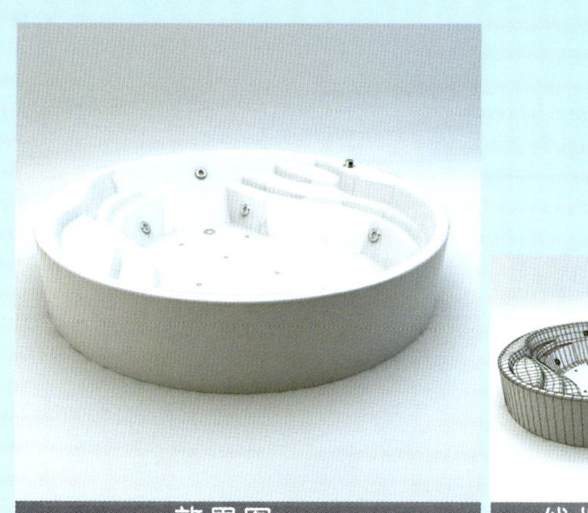

效果图

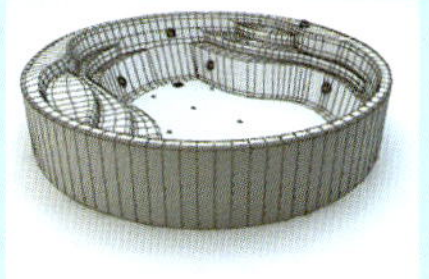

线框图

浴缸_06 | **DVD2/Part17** 卫浴设备/浴缸_06

效果图

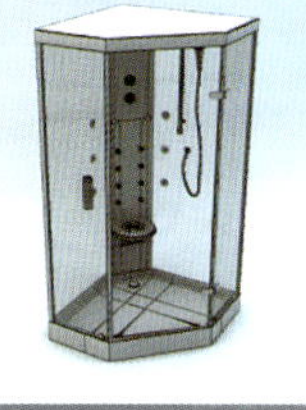

线框图

浴室_01 | **DVD2/Part17** 卫浴设备/浴室_01

效果图

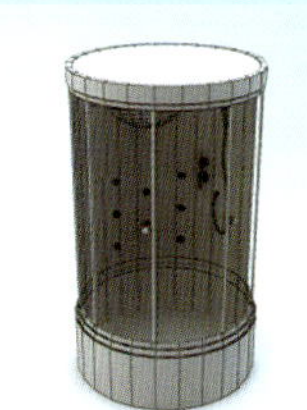

线框图

浴室_02 | **DVD2/Part17** 卫浴设备/浴室_02

效果图

线框图

浴室_03 | **DVD2/Part17** 卫浴设备/浴室_03

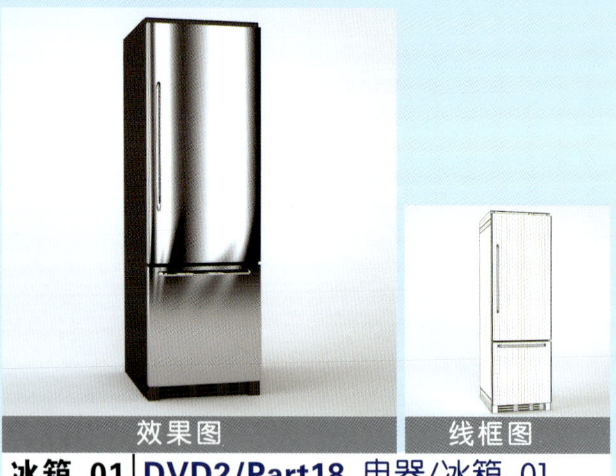

效果图 线框图

冰箱_01 | DVD2/Part18 电器/冰箱_01

效果图 线框图

冰箱_02 | DVD2/Part18 电器/冰箱_02

效果图 线框图

冰箱_03 | DVD2/Part18 电器/冰箱_03

效果图 线框图

冰箱_04 | DVD2/Part18 电器/冰箱_04

效果图 线框图

冰箱_05 | DVD2/Part18 电器/冰箱_05

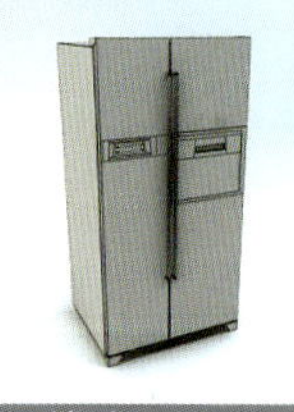

效果图 线框图

冰箱_06 | DVD2/Part18 电器/冰箱_06

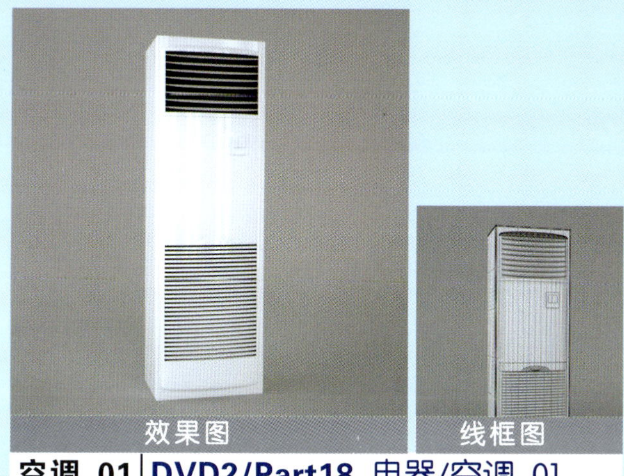

效果图 线框图

空调_01 | DVD2/Part18 电器/空调_01

效果图 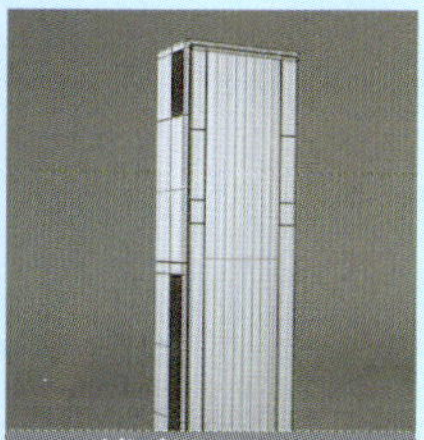 线框图

空调_02 | DVD2/Part18 电器/空调_02

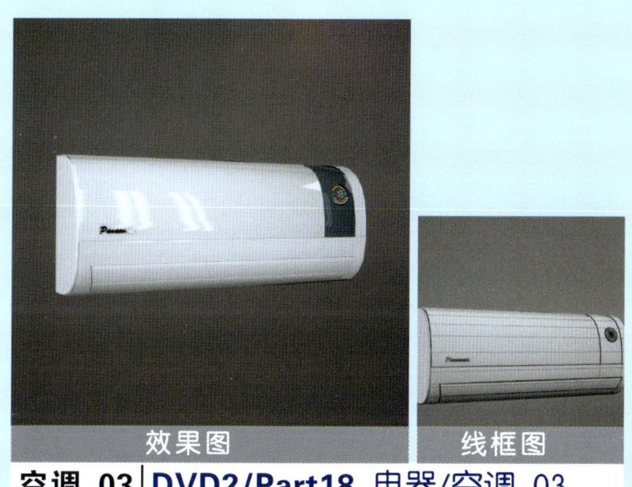

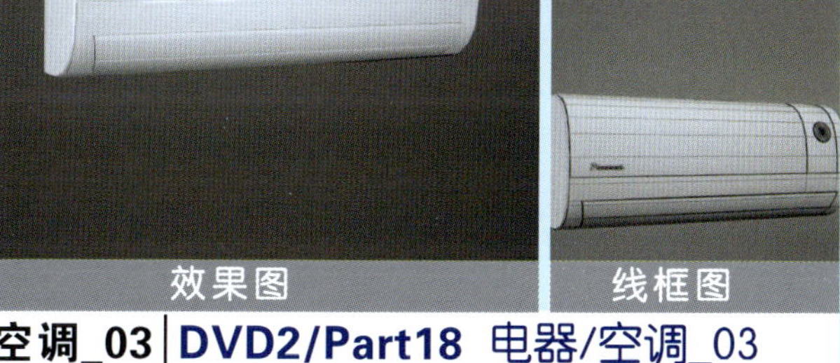

效果图 线框图

空调_03 | DVD2/Part18 电器/空调_03

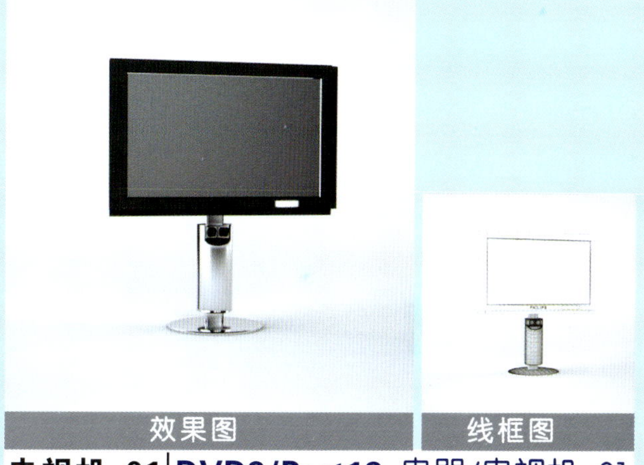

效果图 线框图

电视机_01 | DVD2/Part18 电器/电视机_01

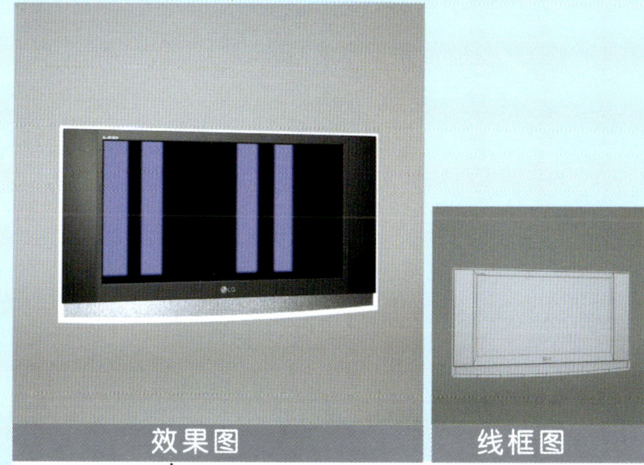

效果图 线框图

电视机_02 | DVD2/Part18 电器/电视机_02

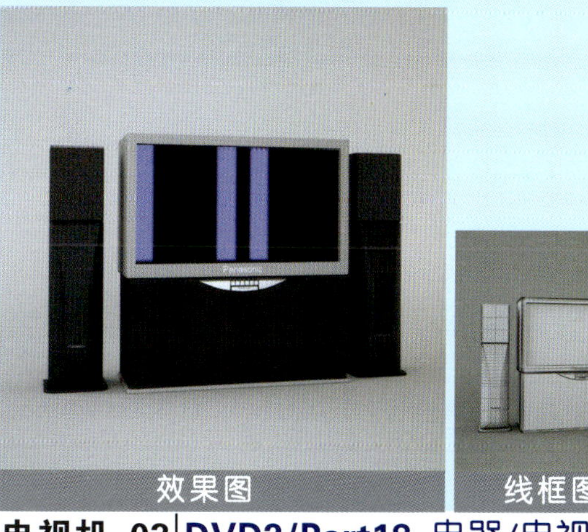

效果图 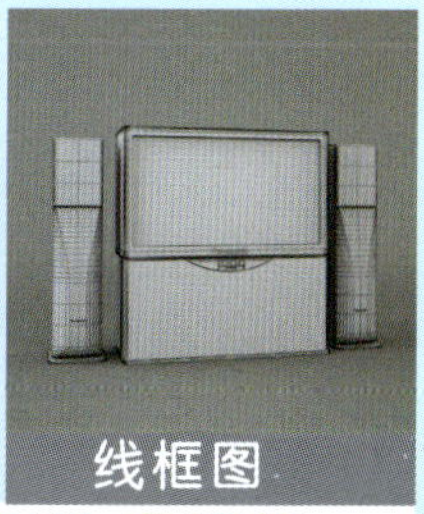 线框图

电视机_03 | DVD2/Part18 电器/电视机_03

效果图

线框图

电视机_04 | **DVD2/Part18** 电器/电视机_04

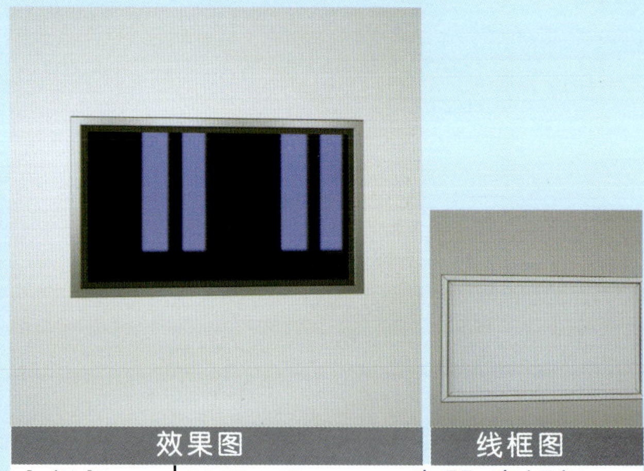

效果图 线框图

电视机_05 | **DVD2/Part18** 电器/电视机_05

效果图 线框图

洗衣机_01 | **DVD2/Part18** 电器/洗衣机_01

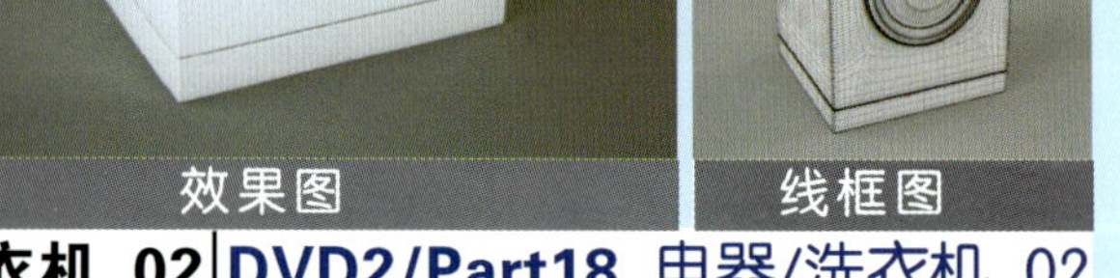

效果图 线框图

洗衣机_02 | **DVD2/Part18** 电器/洗衣机_02

效果图

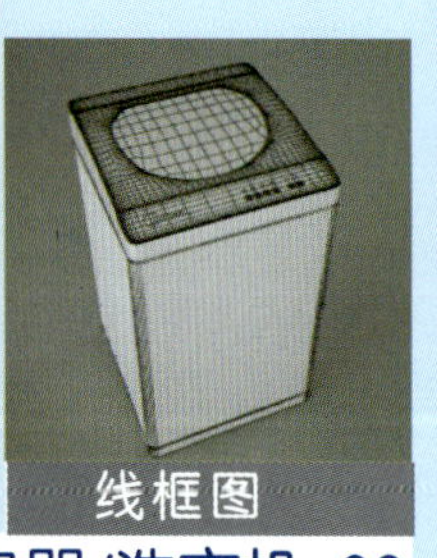

线框图

洗衣机_03 | **DVD2/Part18** 电器/洗衣机_03

效果图

线框图

洗衣机_04 | **DVD2/Part18** 电器/洗衣机_04

效果图

线框图

微波炉 | DVD2/Part18 电器/微波炉

效果图

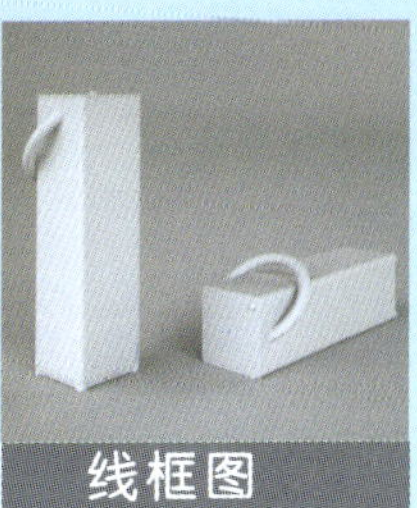
线框图

音乐播放器 | DVD2/Part18 电器/音乐播放器

效果图

线框图

电水壶 | DVD2/Part18 电器/电水壶

效果图

线框图

搅拌机 | DVD2/Part18 电器/搅拌机

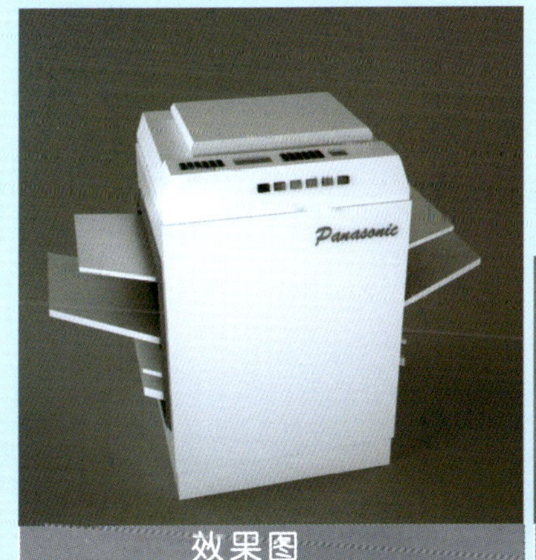

效果图

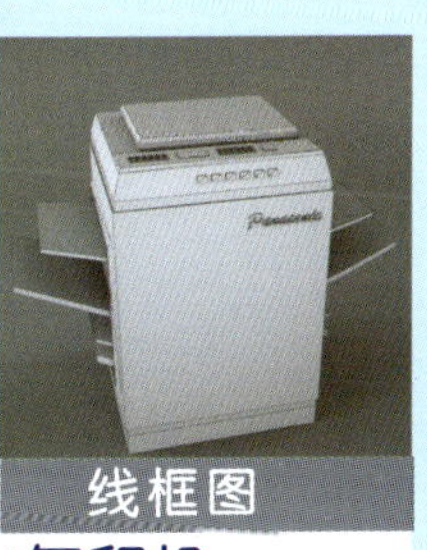
线框图

复印机 | DVD2/Part18 电器/复印机

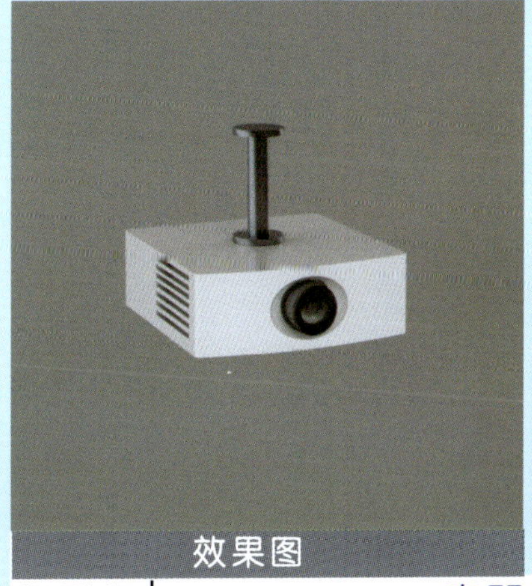
效果图

线框图

投影机 | DVD2/Part18 电器/投影机

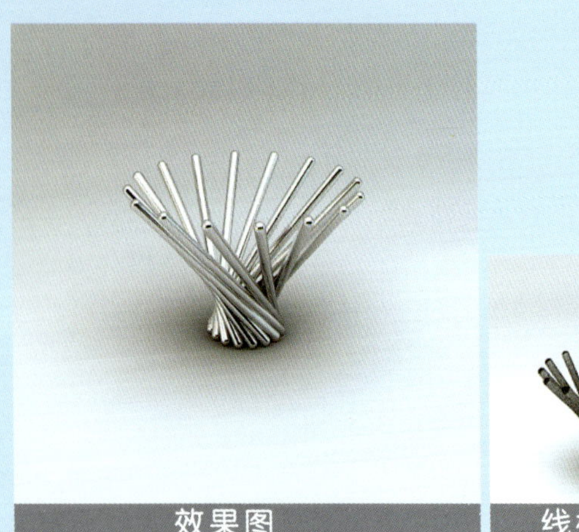

效果图 线框图

饰品_01 | DVD2/Part19 饰品/饰品_01

效果图 线框图

饰品_02 | DVD2/Part19 饰品/饰品_02

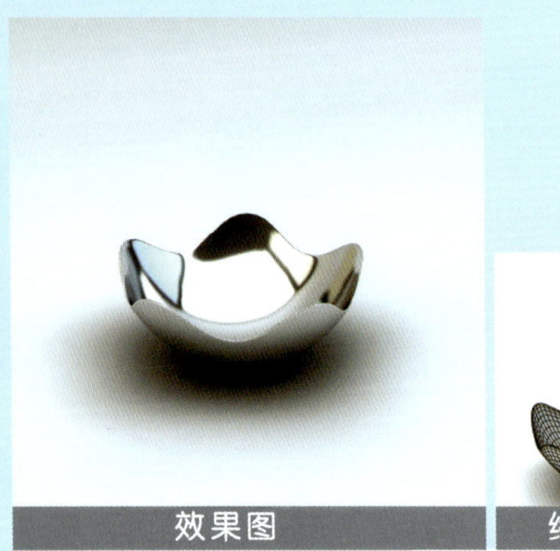

效果图 线框图

饰品_03 | DVD2/Part19 饰品/饰品_03

效果图 线框图

饰品_04 | DVD2/Part19 饰品/饰品_04

效果图 线框图

饰品_05 | DVD2/Part19 饰品/饰品_05

效果图 线框图

饰品_06 | DVD2/Part19 饰品/饰品_06

效果图

线框图

饰品_07 | DVD2/Part19 饰品/饰品_07

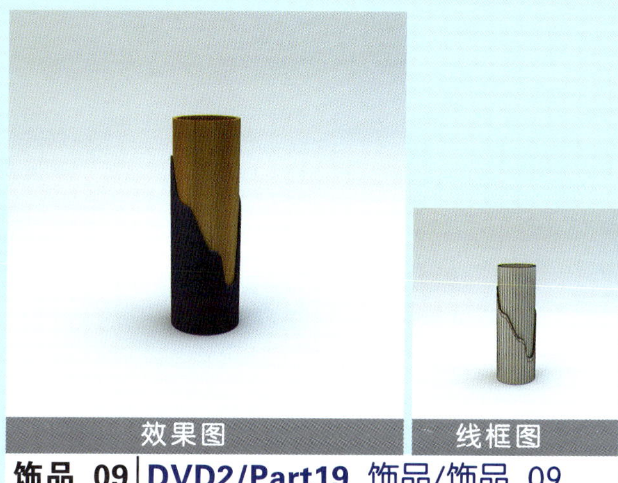
效果图

线框图

饰品_08 | DVD2/Part19 饰品/饰品_08

效果图

线框图

饰品_09 | DVD2/Part19 饰品/饰品_09

效果图

线框图

饰品_10 | DVD2/Part19 饰品/饰品_10

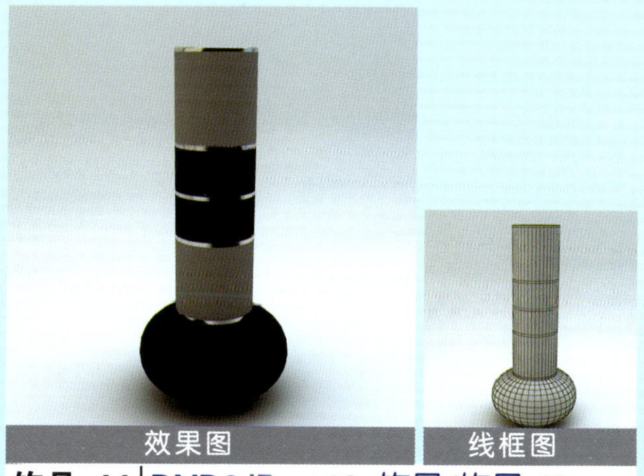
效果图

线框图

饰品_11 | DVD2/Part19 饰品/饰品_11

效果图

线框图

饰品_12 | DVD2/Part19 饰品/饰品_12

效果图 线框图

饰品_13 | **DVD2/Part19** 饰品/饰品_13

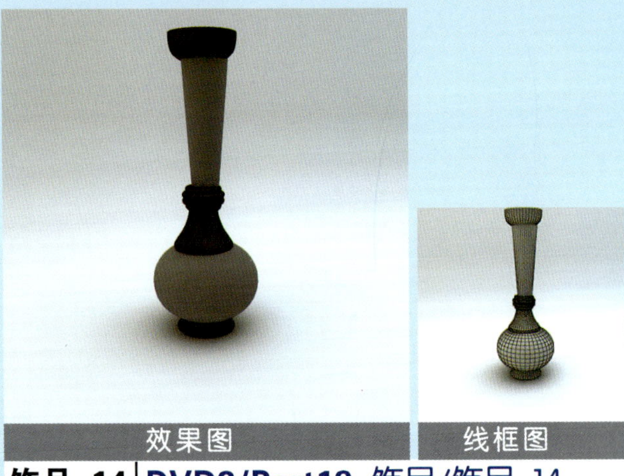

效果图 线框图

饰品_14 | **DVD2/Part19** 饰品/饰品_14

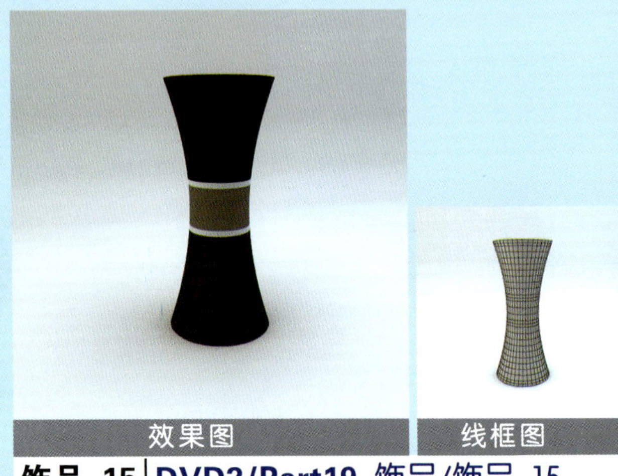

效果图 线框图

饰品_15 | **DVD2/Part19** 饰品/饰品_15

效果图 线框图

饰品_16 | **DVD2/Part19** 饰品/饰品_16